电能表错误接线快速判断方法

雷君召　编

中国电力出版社
CHINA ELECTRIC POWER PRESS

内 容 提 要

本书以正确计量装置接线方式为依据，通过对各种错误接线方式进行分析与判断，同时根据现场电能计量装置实际运行情况，结合计量装置错误接线实例，重点对电压互感器与电流互感器一次侧、二次侧各种错误接线方式进行分析，从而达到快速判断计量装置错误接线并加以修正的目的。

全书共分七章，包括基础知识、电能计量装置的正确接线及向量关系、三相电能表接线相序的快速判断方法、电能表错误接线快速判断方法、互感器错误接线的快速判断方法、电能表常见错误接线电量更正分析、电能计量装置错误接线典型案例分析。

本书主要适合现场装表接电人员、用电检查人员及计量工作人员阅读，也可供相关专业人员参考使用。

图书在版编目（CIP）数据

电能表错误接线快速判断方法/雷君召编. —北京：中国电力出版社，2013.11（2023.1 重印）

ISBN 978-7-5123-5229-2

Ⅰ.①电… Ⅱ.①雷… Ⅲ.①电子式电度表—导线连接 Ⅳ.①TM933.4

中国版本图书馆 CIP 数据核字（2013）第 280288 号

中国电力出版社出版、发行

（北京市东城区北京站西街 19 号　100005　http：//www.cepp.sgcc.com.cn）

北京雁林吉兆印刷有限公司印刷

各地新华书店经售

*

2013 年 11 月第一版　　2023 年 1 月北京第四次印刷

850 毫米×1168 毫米　32 开本　6.25 印张　163 千字

印数 4001—4500 册　定价 **20.00** 元

前 言

电能计量是电力商品交易中的“一杆秤”，其准确与否直接涉及供用电双方的经济效益。电能表的错误接线将会给电能计量带来很大的误差。因此，交流电能表的正确接线是保证电能表准确计量的首要条件。对于电能表的错误接线，不但要善于发现和及时纠正，而且要求工作人员对错误的接线方式作出快速的判断，同时，还要善于根据错误的接线方式绘制出相应的相量图并进行分析，最终达到电能更正的目的。

目前，国内虽然有很多关于电能计量装置接线方面的书籍，但涉及对错误接线快速判断方法及实际工作中案例的却相对较少。为了帮助广大计量技术人员快速掌握电能表错误接线的判断分析方法以及因电能表错误接线所引起的电能纠纷处理方法，特编写本书。

本书共分七章，包括基础知识、电能计量装置的正确接线及向量关系、三相电能表接线相序的快速判断方法、电能表错误接线快速判断方法、互感器错误接线的快速判断方法、电能表常见错误接线电量更正分析、电能计量装置错误接线典型案例分析。

本书所介绍的电能表错误接线，大部分是编者多年来在实际工作中的经验积累，同时也选用了有关书刊上介绍的部分错误接线。本书在编写过程中，得到同仁们的热情帮助、支持和鼓励，在此，一并表示由衷的感谢！

由于时间仓促和水平所限，书中不足之处在所难免，恳请读者批评指正。

编　者

2014 年 6 月

目　录

第一章

基础知识

第一节　正弦交流电的基本概念

一、交流电的概念

直流电的大小和方向是不随时间变化的。交流电与直流电的区别在于交流电的大小和方向均随时间有规律地作周期性变化。一般交流电是遵循正弦函数的变化规律的，因此，交流电即为正弦交流电，正弦交流电的电动势、电压、电流等物理量的大小也是随时间按正弦函数规律作周期性变化的。我们分别称它们为交流电动势、交流电压、交流电流，统称交流电。随时间按照正弦规律变化的电流和电压，写成函数式为

$$i=I_m\sin(\omega t+\varphi)$$

$$u=U_m\sin(\omega t+\varphi)$$

式中：I_m、U_m 分别是交流电流、电压的最大瞬时值，称为最大值，也称为振幅；i、u 分别为电流、电压的瞬时值，它是时间的函数；ω 是角频率，φ 是初相角。

二、交流电的周期、频率、角频率

周期、频率和角频率是用来衡量交流电变化快慢的三种表示方式。

把交流电变化一周所需要的时间称为周期，用字母 T 表示，单位是秒（s）。周期越短，表明交流电变化越快。

在单位时间内交流电重复变化的周期数叫做频率，用字母 f 表示，单位是赫兹（Hz）。频率越高，表明交流电变化越快。如图 1-1 所示的交流电，在 1s 内重复变化了 2 次，频率 f=2Hz，

每变化一次，所需时间就是$\frac{1}{2}$s，则周期 $T=\frac{1}{2}$s。由此可见，周期和频率互为倒数关系，即 $T=\frac{1}{f}$、$f=\frac{1}{T}$。

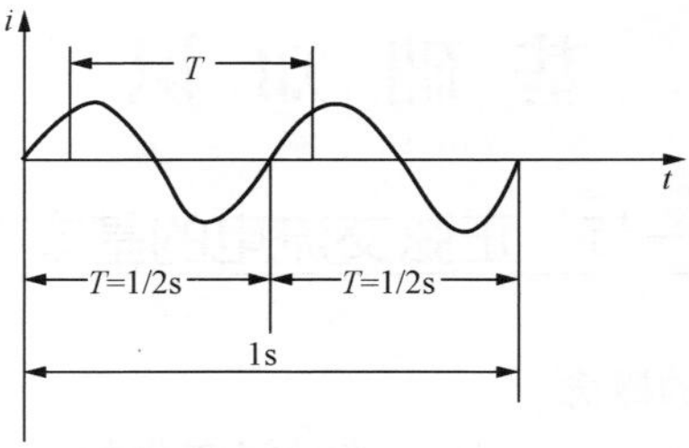

图 1-1　周期、频率关系图

交流电变化一周，相当于电角度（ωt）变化了 2π 弧度。交流电的角频率 ω 就是单位时间内交流电变化的角度，单位是弧度/秒（rad/s）。因此，角频率 ω 和周期、频率的关系为 $\omega=\frac{2}{T}\pi=2\pi f$。我国电力网的交流电频率为 50Hz，我们习惯上称其为工业频率，简称“工频”。

三、相位和初相角

正弦交流电压的数学公式为：$u=U_{\mathrm{m}}\sin(\omega t+\varphi)$，而 $\omega t+\varphi$ 是一个角度，它是时间的函数。对应于确定的时间 t，就有一个确定的角度，说明在这段时间内交流电变化的角度，故 $\omega t+\varphi$ 是表示正弦交流电变化进程的量，称为相位或相角。

四、交流电的相位差

两个或两个以上同频率正弦交流电的相位之差称为相位差。在电能表的接线向量分析中，经常会遇到研究同一个交流电的电压与电流之间的相位关系，用字母 φ 表示。如已知一交流电的电压 u 和电流 i 的数学表达式分别为

$$u=U_{\mathrm{m}}\sin(\omega t+\varphi_u)$$
$$i=I_{\mathrm{m}}\sin(\omega t+\varphi_i)$$

它们的角频率 ω 相同，但初相角不同，其相位差是

$$\varphi=(\omega t+\varphi_u)-(\omega t+\varphi_i)=\varphi_u-\varphi_i$$

由此可见，相位差就是两个同频率正弦交流电的初相角之差。

五、交流电的有效值

交流电的瞬时值是随时间而变的，最大值虽然是一个不随时间而变的定值，但它实际上也是一个瞬时值，只不过是瞬时值中最大的一个而已。因此，当我们要衡量交流电的大小或做功的能力时，既不能用瞬时值来描述，也不能用最大值来描述。为此，定义出一个衡量交流电大小的量值——有效值。

1. 有效值的定义

在阻值相同的两电阻元件中，分别通入直流电流 I 和交流电流 i。如果在相同的时间里，这两个电流所产生的热量相同，则交流电流 i 的有效值就等于这个直流电流 I 的大小。

从这个定义中可以看出，所谓有效值，是指热效应方面，交流电流与相应的直流电流表具有相同的效果。

交流电动势和交流电压有效值的意义与交流电流有效值的意义相同。

例如：220V、25W 的电烙铁，把它分别接在 220V 直流电源上和有效值为 220V 的交流电源上，其发热程度是一样的；同样，两只灯泡分别接在 220V 的直流电源上和接在有效值为 220V 的交流电源上，其发光的亮度也是一样的。

交流电动势、电压和电流的有效值分别用字母 E、U 和 I 表示。

2. 有效值与最大值之间的关系

有效值可以从最大值求出，它们的关系是：各正弦量的有效值分别等于其最大值的 $1/\sqrt{2}$倍。关系式为

$$U=\frac{U_\mathrm{m}}{\sqrt{2}}$$

$$I=\frac{I_m}{\sqrt{2}}$$

式中：I、U 为有效值；I_m、U_m 为最大值。

由于最大值是与时间、角频率和初相无关的定值，所以有效值也是与时间、角频率和初相无关的定值。

【例 1-1】 已知电压 $u=311\sin\left(314t+\frac{\pi}{2}\right)$V，求它的最大值和有效值。

解 最大值 $U_m=311$V

有效值 $U=\frac{U_m}{\sqrt{2}}=\frac{311}{\sqrt{2}}\approx 220$V

平常所说的交流电流、电压和电动势的数值，如无特别声明，指的都是有效值。例如我们说交流电路中某两点间电压为100V，某支路电流为1A，指的就是电压有效值为100V，电流有效值为1A。交流电流表和交流电压表测量出的数值也分别是交流电流和交流电压的有效值。还有交流电气设备铭牌上所标出的额定电压、额定电流值，一般都是有效值。

例如，电灯泡上标的220V，也是指其额定电压有效值为220V。

六、三相交流电压及其向量关系

1. 三相交流电

三相交流电压和三相交流电流统称为三相交流电。三相交流电电压是由三相发电机产生的。三相发电机有三个绕组，三相绕组按一定的方式连接成星形或三角形。实际上三相发电机每相的电动势只是一个近似的正弦电动势，因而三相电动势合起来并不绝对等于零，在三角形回路中可能出现环流。所以发电机绕组很少接成三角形。三相绕组各在空间和时间上彼此相差120°。因此可以提出三个具有相同频率和振幅、相位上互差120°的交流电压。如以A相电压瞬时值为参考正弦量，其瞬时值表示式为

$$u_{AN}=U_m\sin(\omega t+\varphi)$$
$$u_{BN}=U_m\sin(\omega t+\varphi+120°)$$
$$u_{CN}=U_m\sin(\omega t+\varphi+240°)$$

三相绕组电压关系如图 1-2 所示。

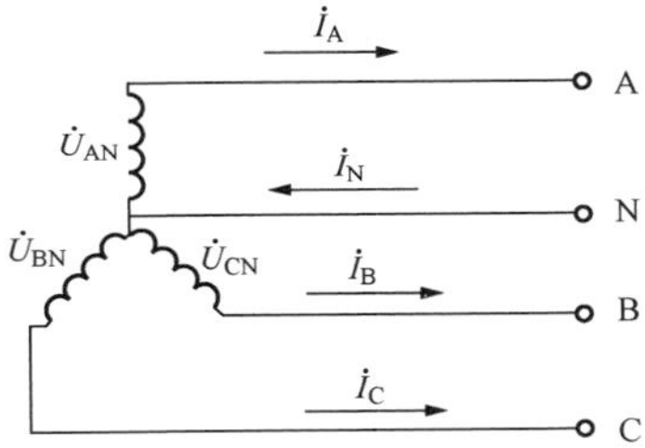

图 1-2　三相绕组电压关系

每根端线与中线之间的电压为相电压，用 U_{AN}、U_{BN}、U_{CN} 分别表示 A、B、C 相的相电压。三相电源中任意两根端线间的电压称为线电压用 U_{AB}、U_{BC}、U_{CA} 分别表示。

2. 三相交流电压及其向量关系

三相三线制系统对称时，其三相相电压和线电压的向量关系如图 1-3 所示。

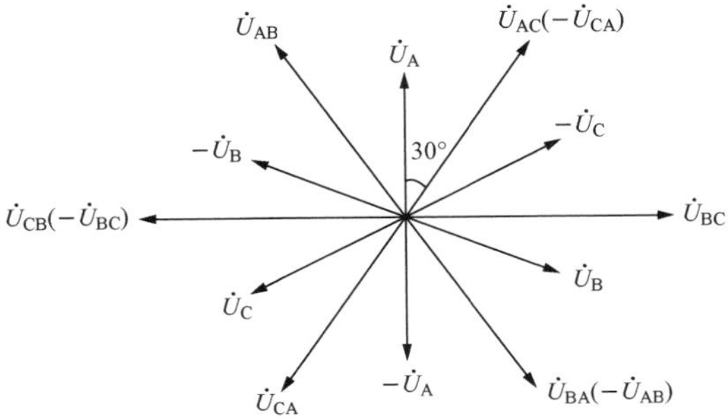

图 1-3　三相交流电压及其向量关系

从向量图中可以看出，三相相电压和线电压的相角关系是：线电压 $\dot{U}_{AB}$、$\dot{U}_{BC}$、$\dot{U}_{CA}$ 分别超前相应的相电压 $\dot{U}_A$、$\dot{U}_B$、$\dot{U}_C$ 30°。

相电压$\dot{U}_A$、$\dot{U}_B$、$\dot{U}_C$也互差 120°，同样线电压$\dot{U}_{AB}$、$\dot{U}_{BC}$、$\dot{U}_{CA}$彼此相差 120°。$-\dot{U}_A$、$-\dot{U}_B$、$-\dot{U}_C$亦彼此相差 120°，它们分别与$\dot{U}_A$、$\dot{U}_B$、$\dot{U}_C$互差 180°（即反相）。

三相系统对称时，线电压关系为 $U_{AB}=U_{BC}=U_{CA}=U$，相电压关系为 $U_A=U_B=U_C=U_x$，两式中，$U=\sqrt{3}U_x$（U_x 为相电压）。

在三相三线制或三相四线制电路中，不论三个线电压是否对称，三个线电压的向量和均等于零，即

$$\dot{U}_{AB}+\dot{U}_{BC}+\dot{U}_{CA}=0$$

在三相四线制中，当三个相电压对称时，三个相电压的向量和等于零，即$\dot{U}_A+\dot{U}_B+\dot{U}_C=0$。

3. 三相交流电流及其向量关系

在三相系统对称时，三相相电流与线电流的向量关系如图 1-4所示。

在三相四线电路中，三相电流对称或中性线上没有电流，则 $\dot{I}_a+\dot{I}_b+\dot{I}_c=0$，若中性线有电流，则 $\dot{I}_a+\dot{I}_b+\dot{I}_c\neq0$。在三相三线电路中，不论三相电流是否对称，$\dot{I}_a+\dot{I}_b+\dot{I}_c=0$。

三相三线电路电流关系如图 1-5 所示，由图可知，三相三线电流有如下向量和相角关系。

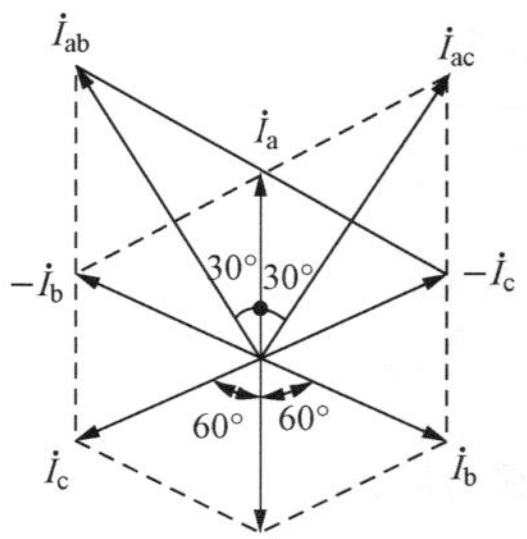

图 1-4　三相对称交流电流及其向量关系

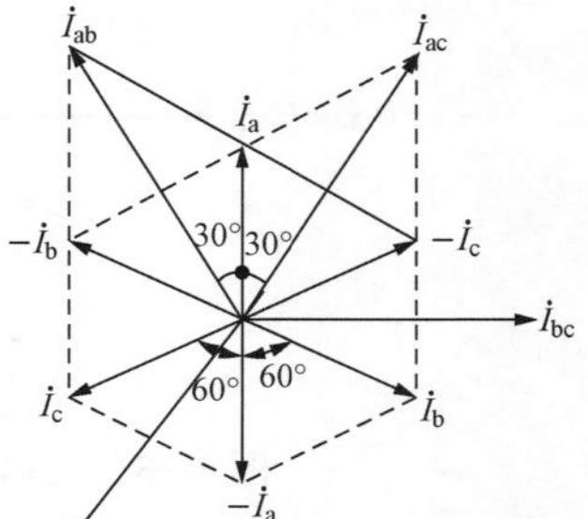

图 1-5　三相三线电路电流关系

向量关系

$$\dot{I}_a+\dot{I}_c=-\dot{I}_b$$

$$\dot{I}_b=-\dot{I}_a-\dot{I}_c$$

$$\dot{I}_a-\dot{I}_c=\sqrt{3}\dot{I}_a=\sqrt{3}\dot{I}_c$$

$$\dot{I}_{ab}=\sqrt{3}\dot{I}_a=\sqrt{3}\dot{I}_b$$

$$\dot{I}_{ac}=\sqrt{3}\dot{I}_a=\sqrt{3}\dot{I}_b$$

相角关系：线电流 $\dot{I}_{ab}$、$\dot{I}_{bc}$、$\dot{I}_{ca}$分别超前相应相电流 $\dot{I}_a$、$\dot{I}_b$、$\dot{I}_c$ 30°；相电流彼此相差 120°；线电流彼此也相差 120°。

第二节　向量的基本概念和运算方法

一、向量的基本概念

在交流电路中，经常要进行交流电压或交流电流之间的加、减运算。在正弦交流电路中，电压和电流是按正弦规律变化的，而且电路中的几个正弦量之间常常又不是同相位的，当然最大值就不是同时出现，所以就不能简单地将几个正弦量的最大值（或有效值）直接进行加减，而只能用三角函数式波形图来计算正弦量的瞬时值，然后再求出它们的有效值。

【例 1-2】 有两个同频率的已知正弦电压 $u_1=150\sqrt{2}\sin(\omega t+37^\circ)$，$u_2=220\sqrt{2}\sin(\omega t+60^\circ)$，计算两相电压之和。

$$\begin{aligned}u&=u_1+u_2\\&=150\sqrt{2}\sin(\omega t+37^\circ)+220\sqrt{2}\sin(\omega t+60^\circ)\\&=363\sqrt{2}\sin(\omega t+50.7^\circ)\end{aligned}$$

求 u_1 和 u_2 两电压之和需要进行三角运算，即用三角函数公式进行展开、并项、化简才得出其结果，这样整个计算过程比较繁琐。用波形图来求两个电压之和更是麻烦，而且不准确。人们在实践中发现，正弦量的各种特点可以用向量表示，于是在交流电路中，就可应用向量来代替正弦量，使正弦量的运算简化为向量运算。这样使分析、计算大为简化。

【例 1-3】 $u=u_1+u_2=150\sqrt{2}\sin(\omega t+37°)+220\sqrt{2}\sin(\omega t+60°)$，用向量运算求两电压之和。

计算过程如图 1-6 所示。

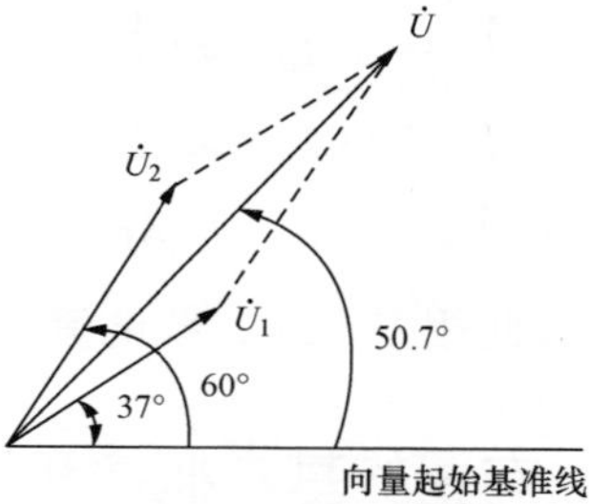

图 1-6　电压向量运算关系

所谓向量就是既有大小又有方向的量，换句话说，向量既表示量的大小又表示量的方向或时间的先后。在交流电路中，交流电压、电流、磁通等量比较时，不但有大小，而且时间上有先后，即所谓超前和滞后，也就是说它们具有不同的相位关系，所以它们也是向量。

规定起始相角等于 0°是标准方向，它是向右的水平方向。当箭头指向左边方向，这个向量的起始相位就是 180°。因为在直线上加了箭头好似一支箭，所以向量还可以称矢量。

二、向量作图的一般规定

（1）在画向量时，不用正弦交流电的最大值作为代表向量的长度，应按有效值表示向量的长度。

（2）为了便于比较分析向量，必须选择一个正弦量作为参考向量，例如在三相交流电路中一般选择 A 相电压为参考向量。

（3）在一个向量图中，同单位量的长度比例应相同。

（4）向量图中，表示各向量余弦夹角的大小应不大于 180°。

（5）几个同相位的向量画法，如 $\dot{U}_1$、$\dot{U}_2$、$\dot{U}_3$ 电压向量，可在同一条直线用共同的尾端取带箭头的相应长度来表示几个向量，如图 1-7 所示。

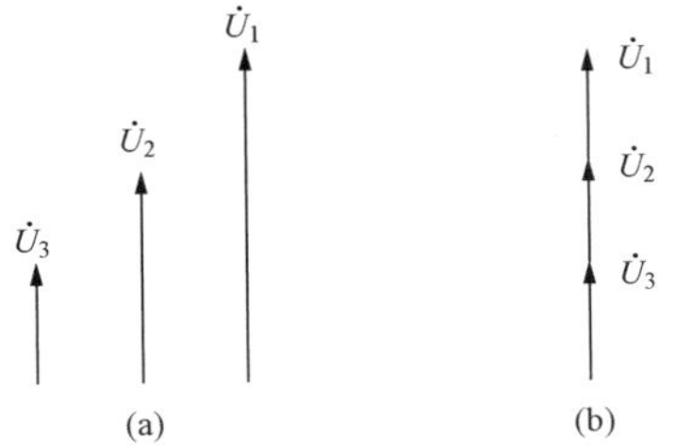

图 1-7　同相位的向量画法

(a) 三个同相位的电压向量；

(b) 三个同相位的电压向量叠加在一条直线上

三、运算方法

1. 向量相加

向量$\dot{A}$与向量$\dot{B}$相加，和为$\dot{C}$，表示为：$\dot{A}+\dot{B}=\dot{C}$。

用平行四边形法计算的步骤（见图 1-8）为：

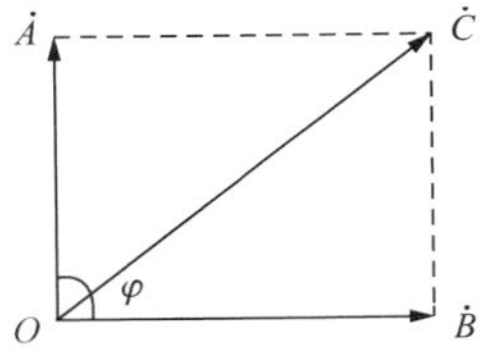

图 1-8　两个向量的相加

(1) 将向量$\dot{A}$、$\dot{B}$尾端画在一点（0 点）上。

(2) 以向量$\dot{B}$为参考向量，量出$\dot{A}$与$\dot{B}$之间的夹角为 φ。

(3) 从 A 点出发作一条虚线与$\dot{B}$平行，然后从 B 点出发，作一条虚线与$\dot{A}$平行，两条虚线的交点就是 C，从 O 点到 C 点带箭点的线段，就表示向量$\dot{C}$，线段 OC 的长度就是$\dot{A}$与$\dot{B}$的向量和的大小，它的指向就是向量和$\dot{C}$的方向。

当有两个以上的向量相加时，可应用平行四边形法则先求出任意两个向量的和，然后再求这个向量与第三个向量的和（$\dot{I}=\dot{I}_A+\dot{I}_B+\dot{I}_C$），依次用下去就得到最后的结果，如图 1-9 所示。

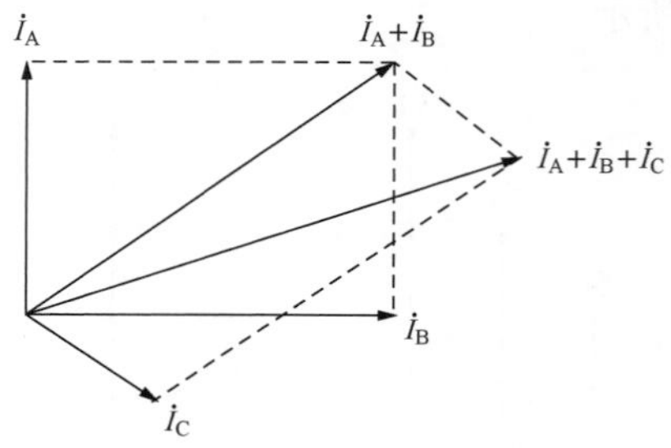

图 1 - 9　平行四边形法求得三个向量的和

也可以用平移法求相量，方法如下：第一个向量保持不动，只要将第二个向量的尾端接到第一个向量的首端；第三个向量的尾端接到第二个向量的首端，这样一个一个地连接起来，将最后一个向量的首端和第一个向量的尾端连接起来，所得的向量就是所有向量的总和，如图 1 - 10 所示。

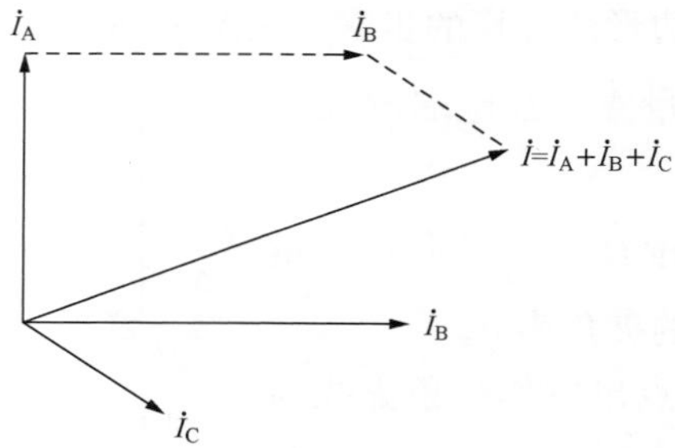

图 1 - 10　平移法求得三个向量的和

注意：向量的加减有它的特殊规律，不能直接将向量的大小相加或相减。而应考虑各量之间的方向（相位）进行加减。

在运用平行四边形法和平移连接法进行向量和的运算时，注意以下几点：

（1）各已知向量的大小和方向不能改变。

（2）向量相加只适用于同频率和同单位。例如，50Hz 的电压向量不能与 60Hz 的电压向量相加；同频率的电压向量不能与电流向量相加。

(3) 两个同相位的向量相加，可直接将向量的大小相加，且两个向量和的方向相同。

(4) 两个反相（即相角差等于 180°）向量相加时，其向量和等于它们的大小之差，向量和的方向与其中较大的一个向量的方向相同。

(5) 如果用测量的方法来确定向量，已知向量的大小和方向都要画得准确，否则结果就不正确。

2. 向量相减

两个向量相减，可以运用向量相加运算法则。如 $\dot{C}=\dot{A}-\dot{B}=\dot{A}+(-\dot{B})$，表明进行向量相减时，先将被减的一个向量的方向旋转 180°，再用向量的加法运算，如图 1-11 所示。

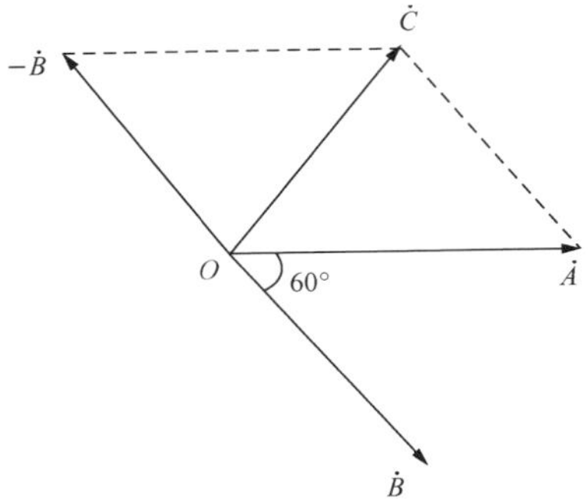

图 1-11　两个向量相减

具体方法：

(1) 使向量 $\dot{A}$ 的方向保持不变。

(2) 将被减向量 $\dot{B}$ 的方向转 180°。

(3) 作出平行四边形 $OAC-BO$，连接 OC，便得到向量 $\dot{C}$，即 $\dot{C}=\dot{A}-\dot{B}=\dot{A}+(-\dot{B})$。

第三节 向量图的正确画法

所谓向量图，就是将几个同频率的正弦电学物理量（电压、电流等）的向量画在一起的图。

将向量图应用于分析交流电的接线，可使分析计算更为简化，是一种理想的分析工具，画向量图是进行错误接线分析判断的关键。

一、画向量图应具备的条件

（1）必须有现场接线情形的接线图，这是画向量图的重要原始依据，务必正确。

（2）应有现场实际电路电源相序检测记载。这是正确画出三相电压向量的根据。

（3）对互感器（电压、电流）应有极性测定记录。

以上三条在作图前必须具备。

二、画向量图的方法与步骤

（1）画好三相互差120°的相电压和相应相电流的向量，作电流向量一般都是按感性负载考虑，所以电流向量应画在相应相电压的滞后方向。根据所测的电源相序按照向量作图的规定，写好各种电学物理量字母（如$\dot{U}$、$\dot{I}$等），如果电源相序为正相序，三相相电压向量的字母排列顺序按顺时针排列应是$\dot{U}_a$、$\dot{U}_b$、$\dot{U}_c$，如图1-12所示。

若是逆相序（也称负相序或反相序），三相电压向量字母的排列顺序则是按逆时针排列，应为$\dot{U}_a$、$\dot{U}_b$、$\dot{U}_c$（顺时针排列则是$\dot{U}_a$、$\dot{U}_c$、$\dot{U}_b$）顺序，如图1-13所示。

（2）根据两个元件的电压线圈和电流线圈首端（即发电机端），其标志（·）和尾端所接电压和电流的相别，确定其电压和电流向量的方向，然后运用平行四边形法或平移连接法作向量的加或减的运算。

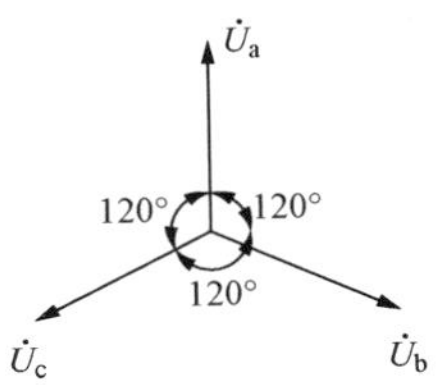

图 1-12　正相序电压向量关系

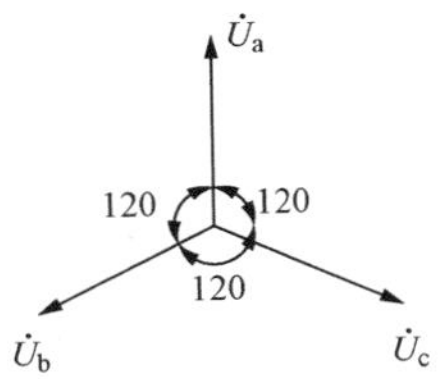

图 1-13　逆相序电压向量关系

（3）向量图画好后进行向量关系的分析，确定各向量之间的相位关系。一般是先对各元件所接的电压向量进行相位关系分析，以便找出它的已知相角，简称已知角。并在向量图上标出已知角度，然后再找出相应相电流与相电压之间的夹角，称这个夹角为未知角，用 φ 来表示，一般称 φ 角为每相的功率因数角。最后确定各元件所接电压与相应相电流之间的向量夹角（相位差），并将夹角标在向量图上。

【例 1-4】 运行中的三相三线有功电能表 A、C 相电流线接线正确，A、B、C 相电压误接为 B、A、C 相电压，画出此情况时的向量图。

解　第一步：先画出正确的电压及电流相序向量图。正确的电压及电流相序向量图如图 1-14 所示。

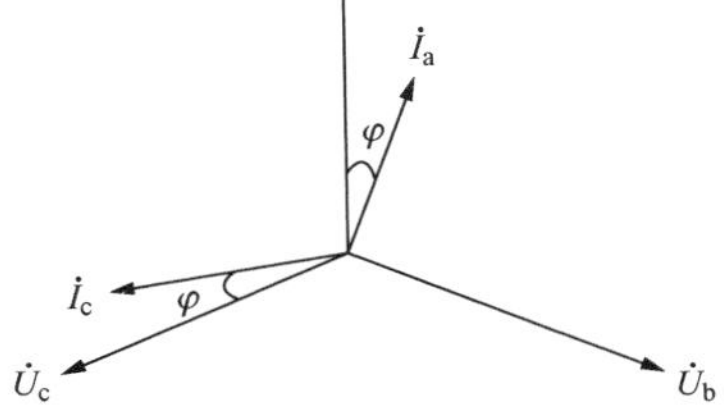

图 1-14　正确的电压及电流相序向量图

第二步：确定接入电能表两元件的电压。A、B、C 相电压误接为 B、A、C 相电压，故第一元件所接入的电压为 U_{ba}，第二元件所接入的电压为 U_{ca}。

第三步：画出错误电压接线方式下的向量图。错误电压接线方式下的向量图如图 1-15 所示。

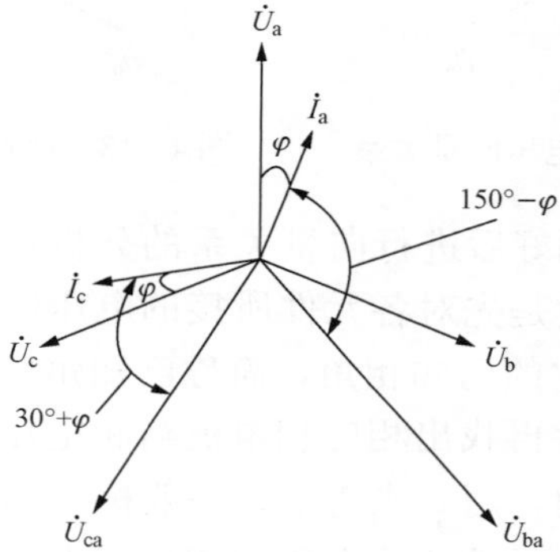

图 1-15 错误电压接线方式下的向量图

第四步：列出错误接线方式下的功率表达式。

$\dot{U}_{ba}$与 $\dot{I}_a$夹角为

$$\widehat{\dot{U}_{ba}\dot{I}_a}=150°-\varphi_a$$

$\dot{U}_{ca}$与 $\dot{I}_c$夹角为

$$\widehat{\dot{U}_{ca}\dot{I}_c}=30°+\varphi_c$$

两元件功率表达式为

$$P_1'=U_{ba}I_a\cos(150°-\varphi_a)$$

$$P_2'=U_{ca}I_c\cos(30°+\varphi_c)$$

【例 1-5】 一块三相三线制负载电路的有功电能表，安装投入使用后表反转，经检查其接线错误方式（见图 1-16），试根据错误接线图画出向量图，并对电能表所计电能加以分析。

解 （1）根据题中给出的已知条件可知：

1）经相序检测，电源为逆相序。

2）电压互感器、电流互感器极性测定结果均属减极性。

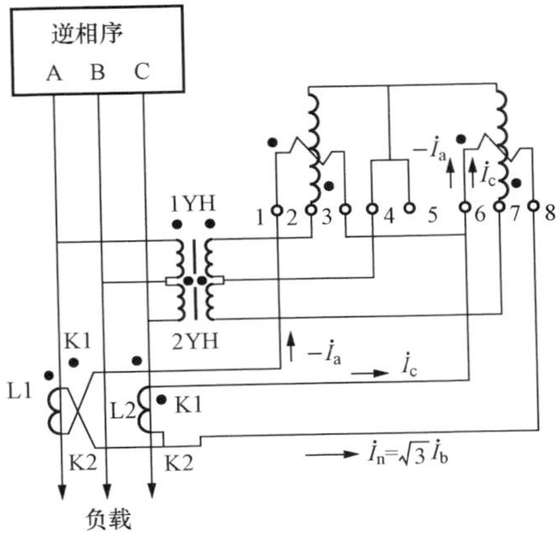

图 1-16 错误接线方式

3）错误接线情形。

a. A 相电流互感器二次侧极性接反。

b. A 相电流线圈尾端接线错误。A 相电流出线应接电能表端子“8”，而错接端子“6”，造成两个电流流入第二元件电流线圈。其电流回路是：a 相电流（$-\dot{I}_a$）由 A 相电流互感器 1LH$-K_2$ 端流出，进入第一元件电流线圈首端“1”，经电流线圈由尾端“3”流出，然后进入第二元件电流线圈首端“6”，流经线圈由尾端“8”流出回到 A 相电流互感器 1LH$-K_1$ 端；另外，C 相电流（$\dot{I}_c$）由 C 相电流互感器 2LH$-K_1$ 端流出进入第二元件电流线圈“6”，经电流线圈由尾端“8”流出回到 C 相电流互感器 2LH$-K_2$ 端。

（2）向量作图的方法步骤。

1）根据已知条件下首先画出三相互差 120°的相电压向量，然后写上电压向量字母，因电源相序为逆相序，故三相相电压向量字母应按$\dot{U}_a$、$\dot{U}_b$、$\dot{U}_c$逆时针顺序排列，各相电压分别写在三相相电压向量箭头处，如图 1-17 所示。

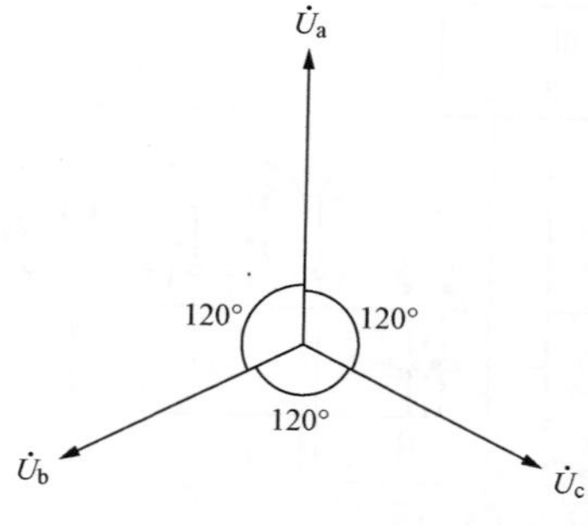

图 1-17　逆相序电压向量

2）画出两个电压元件所接电压的电压向量。从图 1-17 可见，第一元件电压线圈跨接在 a、b 两相电压上，且首端（即发电机端）接电压 a 相，尾端接电压 b 相，因此电压线圈首尾两端承受的电压分别为$\dot{U}_a$、$\dot{U}_b$，运用平行四边形法作$\dot{U}_a$与$\dot{U}_b$向量相加运算求得$\dot{U}_{ab}$。向量$\dot{U}_{ab}$在相位上滞后$\dot{U}_a$ 30°，超前$-\dot{U}_b$ 30°。

在图 1-17 的基础上作出合成电压向量图，如图 1-18 所示。

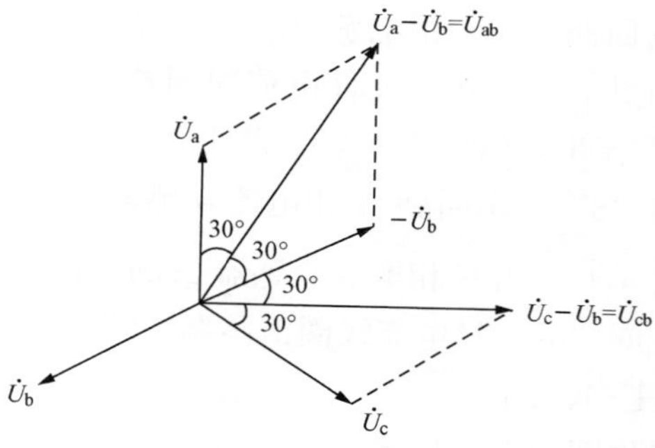

图 1-18　合成电压向量

合成电压向量位于超前$-\dot{U}_b$ 30°或滞后$\dot{U}_a$ 30°处，向量长度是U_a 或$-U_b$ 的$\sqrt{3}$倍；第二元件电压线圈跨接在 c、b 两相电压上，首端（发电机端）接电压c相，尾端接电压b相，因此电压线圈首尾两端承受电压分别为$\dot{U}_c$，$-\dot{U}_b$，运用平行四边形法求得电压向量$\dot{U}_{cb}$（见图1-18），从图1-18中可见$\dot{U}_{cb}$向量位于超前$\dot{U}_c$ 30°或滞后$-\dot{U}_b$ 30°处，其向量长度是$\dot{U}_c$或$-\dot{U}_b$的$\sqrt{3}$倍。

3）画出电流向量。分别在相应电压向量$\dot{U}_a$和$\dot{U}_c$滞后φ_a和φ_c功率因数角位置处画出电流向量$\dot{I}_a$和$\dot{I}_c$（两元件电能表因只有两个电流元件，故只需画$\dot{I}_a$和$\dot{I}_c$两个电流向量）。

因为A相电流互感器二次侧极性反接，所以A相电流“反相”，即相位发生180°的改变。因此电流从首端接入的电流应是$-\dot{I}_a$，故应将$\dot{I}_a$电流向量转过180°，为$-\dot{I}_a$向量，同时还应将相应相电压$\dot{U}_a$亦转过180°，如图1-19所示。

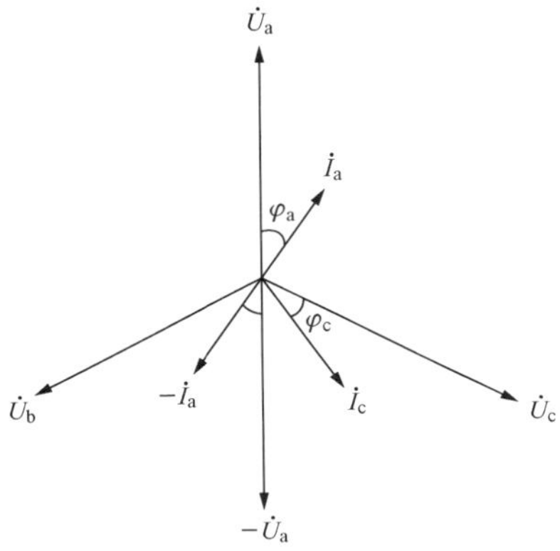

图1-19　电流向量

4）进行电流向量加减运算。从上述错误接线情形可见，$\dot{I}_a$与$\dot{I}_c$两个电流流入第二元件电流线圈，显然是$\dot{I}_c$与$-\dot{I}_a$两个电流的向量差。可运用平行四边形法作$\dot{I}_c+(-\dot{I}_a)$向量的加法运算，如图1-20所示。

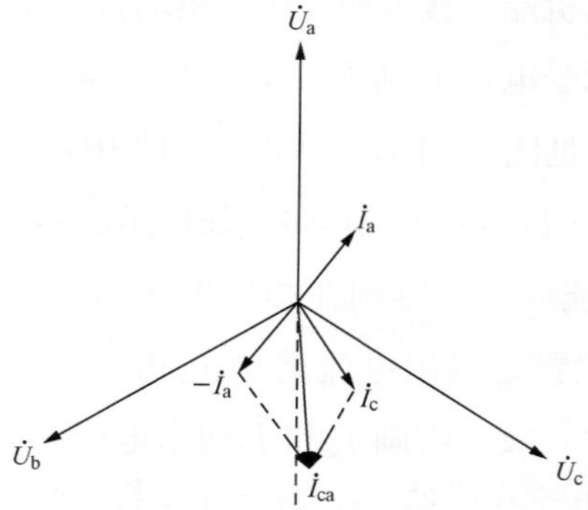

图 1 - 20 合成后的电流向量

5）将电压、电流合成向量画在一起，就成了如图 1 - 21 向量图。根据向量图就可进行各向量间的相位关系分析，找出电压与相应电流的夹角。从图 1 - 21 可见，第一元件电压 $\dot{U}_{ab}$ 与 $-\dot{I}_a$ 向量之间的夹角为已知角 150°（$\dot{U}_{ab}$ 与 $-\dot{U}_a$ 之间的夹角）加上未知角 φ_a（a 相功率因数角），即 $150°+\varphi_a$。取两夹角的余弦可不考虑旋转方向，所以应取小于 180°的夹角。第二元件电压 $\dot{U}_{cb}$

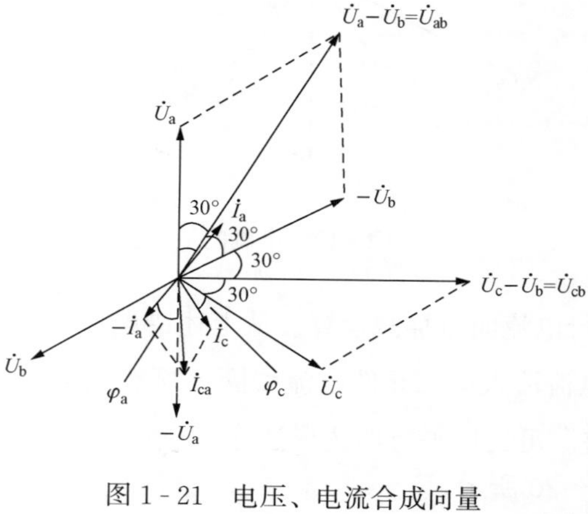

图 1 - 21 电压、电流合成向量

与电流 $\dot{I}_{ca}$向量之间的夹角，从图中可见已知角 60°加上未知角 φ_c，即 $60°+\varphi_c$。

(3) 电能表所计电能分析。设电能表第一功率元件的功率为 P_1，电能表第二功率元件的功率为 P_2，可以得出电能表第一功率元件的功率表达式为

$$\begin{aligned} p_1 &= U_{ab}(-I_a)\cos(150°+\varphi_a) \\ &= U_{ab}(-I_a)\times\left(-\frac{\sqrt{3}}{2}\cos\varphi_a-\frac{1}{2}\sin\varphi_a\right) \end{aligned}$$

电能表第二功率元件的功率表达式为

$$\begin{aligned} P_2 &= U_{cb}I_{ca}\cos(60°+\varphi_c) \\ &= U_{cb}\sqrt{3}I_c\left(\frac{1}{2}\cos\varphi_c-\frac{\sqrt{3}}{2}\sin\varphi_c\right) \\ &= U_{cb}I_c\left(\frac{\sqrt{3}}{2}\cos\varphi_c-\frac{3}{2}\sin\varphi_c\right) \end{aligned}$$

三相系统对称，则有

$$U_{ab}=U_{bc}=U_{ca}=U$$

$$I_a=I_b=I_c=I$$

$$\varphi_a=\varphi_b=\varphi_c=\varphi$$

因此，电能表两功率元件计量的总功率为

$$\begin{aligned} P &= P_1+P_2 \\ &= UI\times\left(-\frac{\sqrt{3}}{2}\cos\varphi-\frac{1}{2}\sin\varphi\right)+UI\left(\frac{\sqrt{3}}{2}\cos\varphi-\frac{3}{2}\sin\varphi\right) \\ &= -2UI\sin\varphi \end{aligned}$$

第四节 三相负载电路

三相电路的负载是由三部分组成，其中的每一部分叫做一相负载。各复数阻抗相等的三相负载叫做对称三相负载。这时各相负载平衡，负载性质相同，如三相电动机就是属于对称三相负载。三相负载一般有星形和三角形两种连接方式。

1. 三相负载的星形连接

三相负载的星形连接如图 1-22 所示。

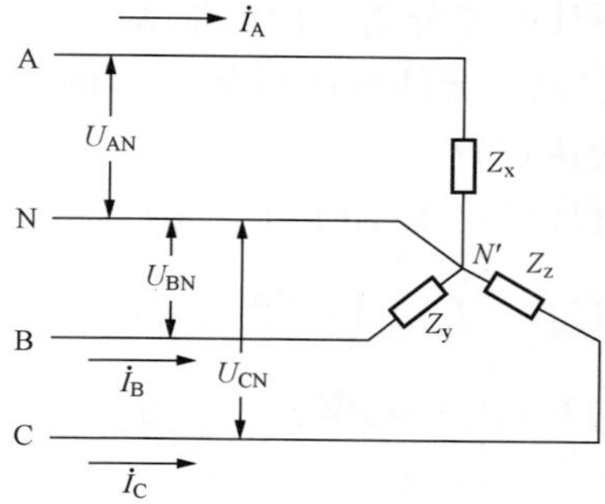

图 1-22　三相负载星形连接

图 1-22 表示三相负载的星形连接，其中 N' 点称为负载的中性点。星形接法指三相绕组的末端 X、Y、Z 连接在一起，首端 A、B、C 接入电源电压。

在星形接法中，线电压是相电压的$\sqrt{3}$倍，即

$$U_L=\sqrt{3}U_x$$

式中：U_L 为线电压；U_x 为相电压。

线电流等于相电流，即

$$I_L=I_x$$

式中：I_L、I_x 分别为线电流和相电流。

在对称三相四线制电路中，中性线上的电流等于零，即

$$\dot{I}_A+\dot{I}_B+\dot{I}_C=\dot{I}_N=0$$

三相对称负载作星形连接时，实际上是采用三相三线制供电的，如星形连接的三相电动机，并未引出中线，都是采用三相三线制供电，这时各相电流是互成回路的。

2. 三相负载的三角形连接

三角形接法指把三相绕组头尾、尾头的方式依次连接，组成一封闭三角形。三相负载的三角形连接如图 1-23 所示。

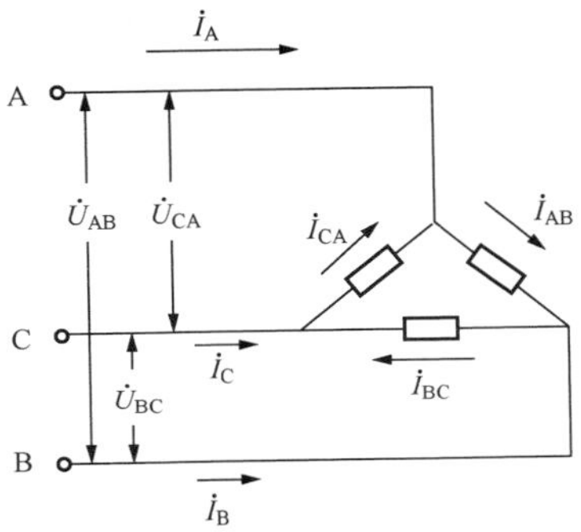

图 1-23　三相负载的三角形连接

在三角形接法中，线电压等于相电压，即 $U_L=U_x$；线电流等于相电流的$\sqrt{3}$倍，即 $I_L=\sqrt{3}I_x$。

3. 三相负载的功率

在直流电路中，电功率等于电压与电流的乘积，即 $P=UI$。而在交流电路中，电压和电流是不断地变化的。因此，将电压瞬时值 u 和电流瞬时值 i 的乘积称为瞬时功率，即 $p=ui$。在实用中，为了反映负载上所消耗功率的大小，常用平均功率表示。所谓平均功率，就是瞬时功率的平均值。用字母 P 表示，单位为瓦特（W）。负载平均功率的大小与加在负载两端上的电压和流过负载的电流及电压与电流两者之间夹角的余弦乘积成正比，即

$$P=UI\cos\varphi$$

式中，U、I 分别为电压和电流的有效值；φ 为电压与电流之间的相位差。在三相电路里，负载消耗的平均功率等于各相平均功率之和，即

$$\begin{aligned}P&=P_A+P_B+P_C\\&=U_AI_A\cos\varphi_A+U_BI_B\cos\varphi_B+U_CI_C\cos\varphi_C\end{aligned}$$

式中的电压与电流均为相电压和相电流，φ_A、φ_B、φ_C 分别为相电压与相电流之间的相位差。

在三相电压、电流系统对称时，三相功率可表示为

$$P=3U_x I_x \cos\varphi \tag{1-1}$$

当负载为星形连接时，$I_L=I_x$，$U_L=\sqrt{3}U_x$，代入式（1-1）中，得

$$P=3U_x I_x \cos\varphi=3\times\frac{U_L}{\sqrt{3}}\times I_L\cos\varphi$$

$$=\sqrt{3}U_L I_L\cos\varphi$$

如果负载为三角形连接时，$I_L=\sqrt{3}I_x$，$U_L=U_x$，代入式（1-1），则得三相负载平均功率为

$$P=3U_x I_x \cos\varphi=3\times U_L\times\frac{I_L}{\sqrt{3}}\cos\varphi$$

$$=\sqrt{3}U_L I_L\cos\varphi$$

由上述可知，在对称三相电路中，不论负载的连接是哪种方式，对三相负载的平均功率都是

$$P=\sqrt{3}U_L I_L\cos\varphi$$

式中，U_L、I_L 为线电压和线电流；U_x、I_x 为相电压和相电流；φ 为相电压与相电流之间的相位差（即功率因数角）。

既然三相负载的平均功率不论负载的连接是哪一种方式都是相等的，那么，以后在进行电能表向量分析时所列的功率表达式属于三相三线电路中的负载功率，采用 $P=\sqrt{3}U_L I_L\cos\varphi$ 表示；属于三相四线电路中的负载功率用 $P=3U_x I_x\cos\varphi$ 表示。为简便，用 U、I 分别表示线电压和线电流，即用 $P=\sqrt{3}UI\cos\varphi$ 表示三相负载的功率表达式。

第五节　电能计量装置的概述

一、电能计量装置概念

一般我们把电能表及与其配合使用的测量互感器、二次回路及计量箱所组成的整体，称为电能计量装置，其构成如

图 1－24所示。

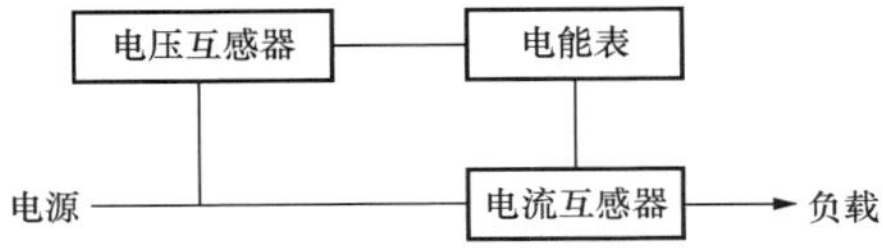

图 1－24　电能计量装置构成

图 1－24 中，电能表是电能计量装置核心部分，不可缺少，其他部分则根据计量方式不同或有或无。

二、电能计量装置各部分作用

1. 电能表的作用

电能表是电能计量装置的核心部分，其作用是计量负载消耗的电能。电能表计量的电能是指通过它的功率在某一段时间内的累积值。

2. 互感器的作用

互感器就是一种容量小、用途特殊的变压器。通常情况下，电压互感器（TV）二次额定电压为 100、$\frac{100}{\sqrt{3}}$V，电流互感器（TA）二次额定电流为 5A 或 1A。

互感器在电能计量装置中起的作用主要有以下三个方面：

（1）扩大电能表的量程。互感器把高电压转换成低电压，大电流转换成小电流后，再接入电能表，从而使得电能表的测量范围扩大。

（2）减少仪表的制造规格和生产成本。

（3）隔离高电压、大电流，保证了人员和仪表的安全。

3. 二次回路的作用

电能计量装置的二次回路包含电压二次回路和电流二次回路。

电压二次回路是指电压互感器的二次绕组、电能表的电压线圈以及连接二者的导线所构成的回路。

电流二次回路是指电流互感器的二次绕组、电能表的电流线圈以及连接二者的导线所构成的回路。

三、互感器的工作原理、结构及接线方式

电压互感器和电流互感器均由铁芯、一次绕组、二次绕组、接线端子和绝缘支持物等组成。电压互感器一次绕组匝数多，二次绕组匝数少，一次侧以并联形式接在电路中，二次侧与计量仪表电压回路并接；电流互感一次绕组匝数少，二次绕组匝数多，一次侧以串联形式接在电路中，二次侧与计量仪表电流回路串接。

电压互感与电流互感器的工作原理和电力变压器基本相同，即一次侧绕组通过正弦交变磁通，从而在二次绕组中感应出电压，若二次侧电路闭合，则产生二次电流。这里需说明一点：电压互感器正常工作时相当于变压器开路状态——二次阻抗大；电流互感器正常工作时相当于变压器短路状态——二次阻抗小。

测量用互感器的接线是整个电能计量装置接线中的一大部分；测量用互感器的接线正确与否决定电能计量的正确与否，因此，掌握互感器的接线方法，对整个电能装置的计量分析很有帮助。电压互感器接线的共同点就是二次侧必须有一点接地，以防止一、二次绝缘击穿，高压电窜入二次回路而危及人身安全。

1. 电压互感器工作原理、结构及接线方式

（1）工作原理与结构。电压互感器的工作原理、结构与普通变压器相似，同样是由相互绝缘的一次、二次绕组绕在公用的闭合铁芯上组成。主要区别是二者容量不同，且电压互感器是在接近空载的状态下工作。电压互感器的结构和接线图如图1-25所示。

（2）主要参数。

1）绕组的额定电压。

a. 额定一次电压。指可以长期加载一次绕组上的电压，其值应与我国电力系统规定的“额定电压”系列一致。

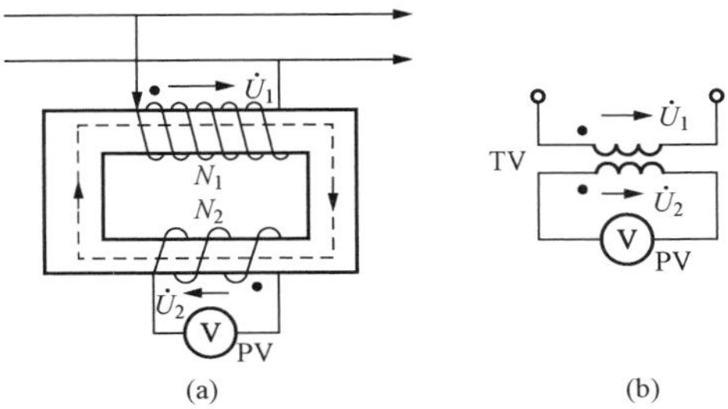

图 1-25　电压互感器的原理结构图和接线图

（a）原理结构图；（b）接线图

b. 额定二次电压。我国规定接在三相系统中相线与相线之间的单相电压互感器为 100V，对于接在三相系统中相与地之间的电压感器为$\frac{100}{\sqrt{3}}$V=57.7V。

2）电压互感器变比。额定电压变比为额定一次电压与额定二次电压之比，一般不用约分的分数形式表示

$$K_{TV}=\frac{N_1}{N_2}\approx\frac{U_{1N}}{U_{2N}}$$

线圈绕组匝数与电压成正比。

3）额定二次负载。电压互感器的额定二次负载为确定准确度等级所依据的二次负载导纳（或阻抗）值。

4）准确度等级。国产电压互感器的准确度等级有 0.01、0.02、0.05、0.1、0.2、0.5、1.0、3.0、5.0 级。

用户电能计量装置通常采用 0.2 级和 0.5 级电压互感器。计量装置类别为Ⅰ类和Ⅱ类的均采用 0.2 级电压互感器，Ⅲ类、Ⅳ类及Ⅴ类均采用 0.5 级电压互感器。

5）极性标志。为了保证测量及校验工作的接线正确，电压互感器的一次及二次绕组的端子应标明极性标志。电压互感器一次绕组接线端子用大写字母 A、B、C、N 表示，二次绕组接线端子用小写字母 a、b、c、n 表示。

（3）接线方式。电压互感器的接线方式有多种，计量有功电能和无功电能时，通常采用 V 形、Y 形两种接线方式（见图 1－26）。

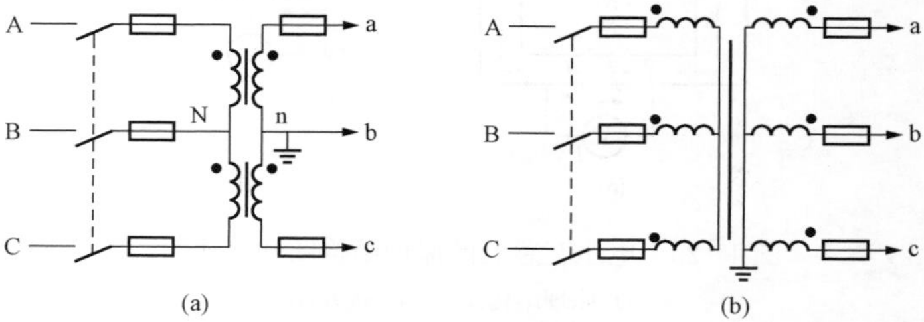

图 1－26　电压互感器的接线方式
（a）V 形接线方式；（b）Y 形接线方式

电压互感器接线的共同点就是二次侧必须有一点接地，以防止一次绝缘击穿，高压电窜入二次回路而危及人身安全。

图 1－27 为两只单相电压互感器 Vv_0 接线方式，用于测量线电压。二次侧通常在 b 相接地。这种接线方式广泛应用于 10kV 中性点不接地三相系统中，此种接法节省了一台电压互感，但不能测量相电压和进行绝缘状况监视。

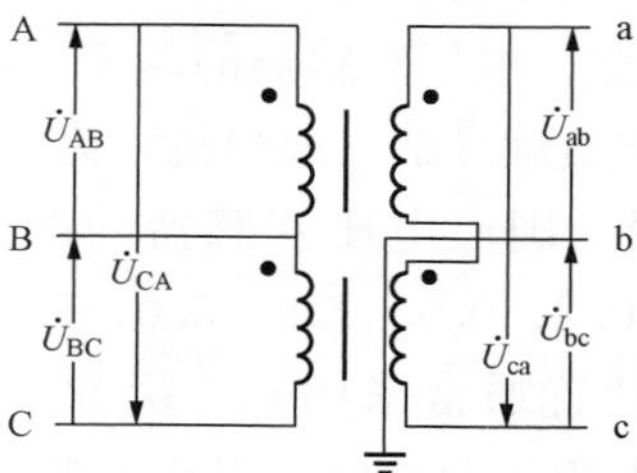

图 1－27　两只电压互感器 Vv_0 接线方式

采用 Vv_0 和 Yy_0 两种接线方式都要求必须是同型号规格。

1）Vv0 接线方式。正确接线的 Vv0 接线方式（见图 1－28）的互感器一次侧、二次侧对应的线电压同相位。

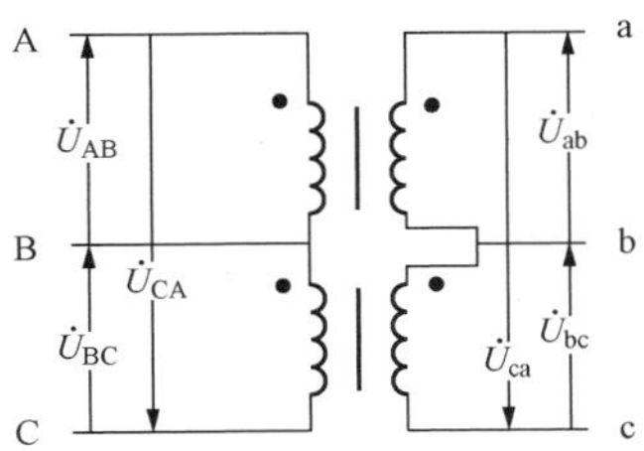

图 1-28　正确的 Vv0 接线方式

为便于分析，将图 1-28 中的一次绕组、二次绕组连接方式简化，分别如图 1-29 和图 1-30 所示。

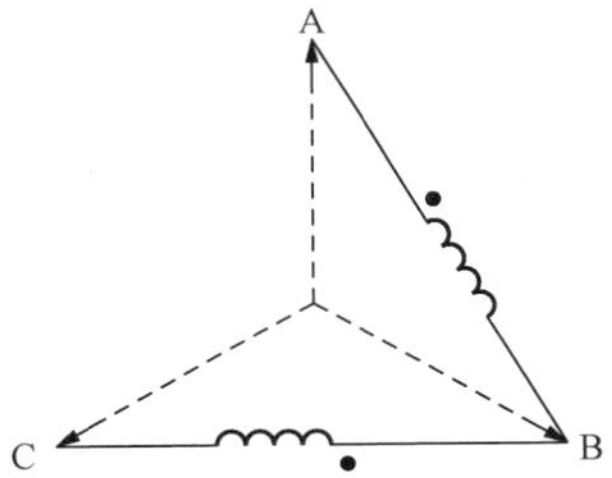

图 1-29　Vv0 接线方式一次侧绕组电压关系

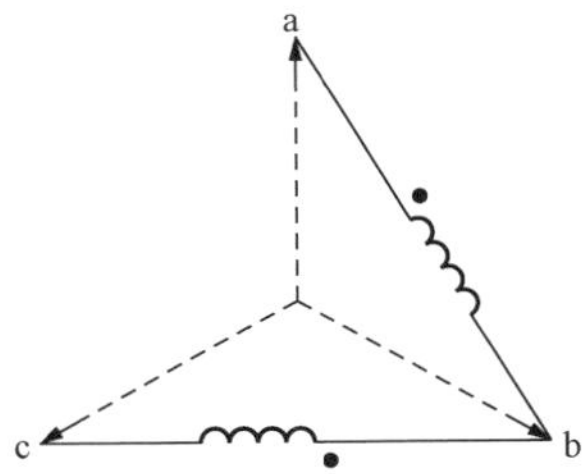

图 1-30　Vv0 接线方式二次侧绕组电压关系

从图 1-29 和图 1-30 中可以看出，电压互感器一次侧绕组首端（•）接在 A 相上，尾端（无•）接在 B 相上；电压互感器另外一次侧绕组首端接在 B 相上，尾端接在 C 相上。

根据绕组的连接方式，对应绕组标有圆点一端作为向量的首端（即带箭头的一端），绕组未标圆点的一端作为向量的尾端，如图 1-31 所示。

为便于直接看出一次侧、二次侧电压向量的相位关系，我们将一次侧、二次侧电压向量用平移方法画在一起，如图 1-32 所示。

由图 1-32 可见，一次侧、二次侧对应线电压的相位差为零，三相彼此相差 120°。

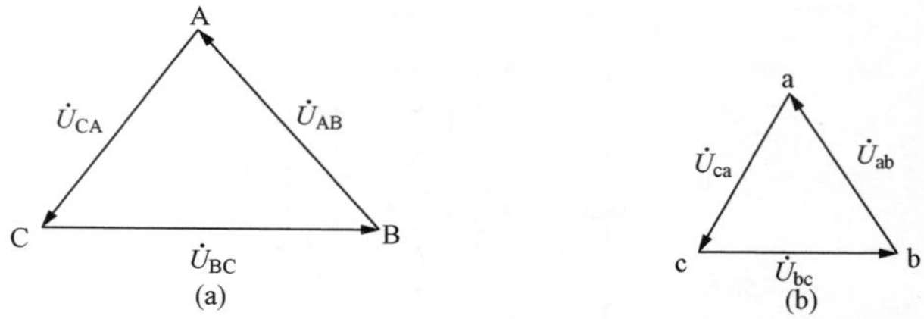

图 1-31　一、二次侧电压向量关系图

(a) 一次侧线电压向量关系；(b) 二次侧线电压向量关系

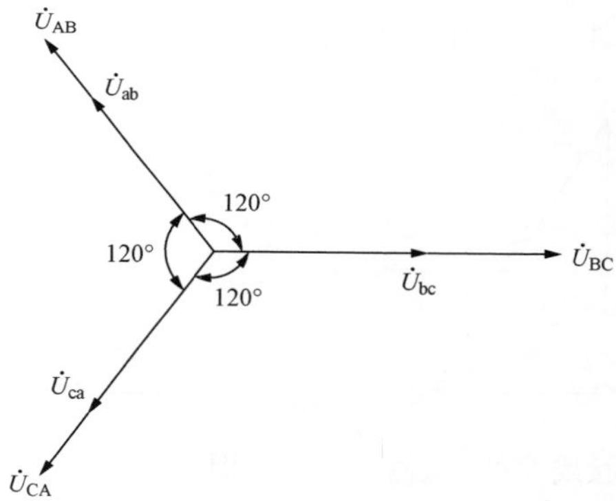

图 1-32　一、二次侧线电压向量关系图

在三相三线电路中，两台单相电压互感器连成 Vv_0 接线，由于安装方便经济，因此得到了广泛采用。

2）三台单相电压互感器（Yy0）的接线方式。如果电压互感器的电压比为$\dfrac{U_1/\sqrt{3}}{U_2/\sqrt{3}}$，将三台单相电压互感器一次侧、二次侧绕组都接成星形，即 Yyn0，其接线方式如图 1-33 所示。

Yy0 接线一次侧、二次侧电压的相位差为零。这种接线在高压三相三线电能计量装置中用得不多。

2. 电流互感工作原理、结构及接线方式

1）工作原理与结构。电流互感器的工作原理与普通变压器

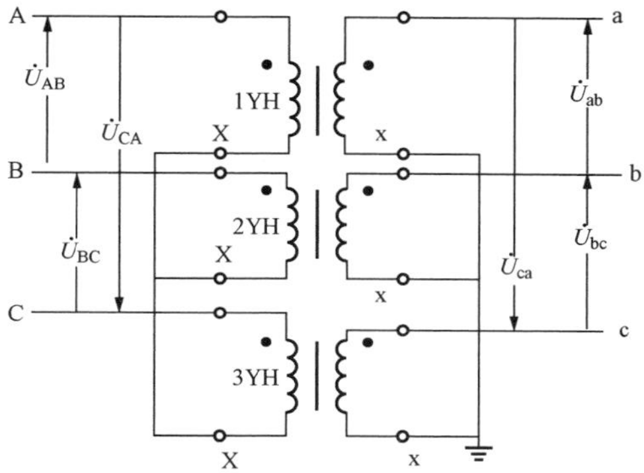

图 1-33　三台单相电压互感器 Yy_0 的接线方式

的工作原理基本相同，即理想电流互感器两侧的额定电流大小与它们的绕组匝数成反比。匝数与电流之间的关系为$\frac{N_1}{N_2}=\frac{I_2}{I_1}$或$I_1N_1=I_2N_2$。

电流互感器基本原理、结构图形与普通变压器相似，但是电流互感器的工作状态与普通变压器有显著的区别。

a. 电流互感器的一次电流（I_1）取决于一次电路的电压与阻抗，与电流互感器的二次负载无关。

b. 电流互感器二次电路所消耗的功率随二次电路阻抗的增大而增大，即 $S_2=I_{2e}^2Z_b$。

c. 电流互感器的工作状态近似于短路状态。

2）主要参数。

a. 额定电流变比。额定电流变比是一次额定电流与二次额定电流之比，额定电流变比一般不用约分的分数形式表示。

b. 额定电流。额定电流就是在这个电流下，互感器会长期运行而不会因发热损坏。当负载电流超过额定电流时叫做过负载。

c. 准确度等级。国产电流互感器的准确度等级有 0.01、0.02、0.05、0.1、0.2、0.5、1.0、3.0、5.0、0.2S 和

0.5AS 级。

用户电能计量装置通常采用 0.2S 级和 0.5S 级电压互感器。计量装置类别为Ⅰ类和Ⅱ类的均采用 0.2S 级电压互感器，Ⅲ类、Ⅳ类及Ⅴ均采用 0.5S 级电压互感器。

d. 额定容量。电流互感器的额定容量就是额定二次电流 I_{2e} 通过额定二次负载 Z_{2e} 时所消耗的功率 S_{2e}。

e. 额定电压。额定电压是指一次绕组长期能承受的电压最大（有效值），它只是说明电流互感器的绝缘强度，而和电流互感器的额定容量没有任何关系。

f. 极性标志。一次绕组首端标为 L1，末端标为 L2；二次绕组首端标为 K1，末端标为 K2。标志符号的排列应当使一次电流 L1 流向 L2 端时，二次电流自 K1 流出，经外部回路流回到 K2。

电流互感器基本结构与普通变压器相相似，由两个绕制在闭合铁芯上彼此绝缘的绕组（一次绕组和二次绕组）组成，如图 1-34 所示，其匝数分别为 N_1 和 N_2。

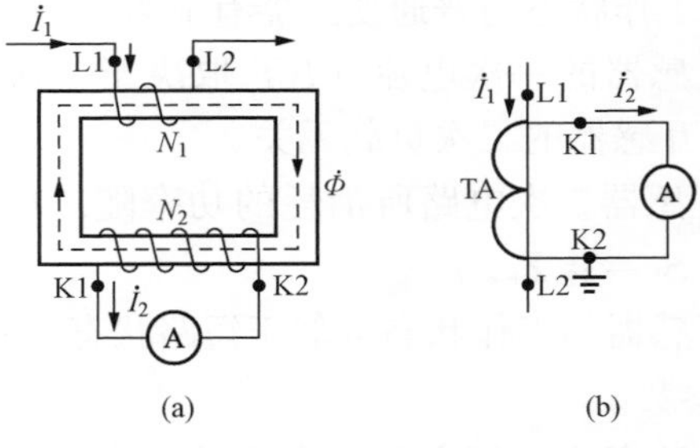

图 1-34　电流互感结构及接线图

（a）原理结构图；（b）接线图

一次绕组与被测电路串联，二次绕组与各种测量仪表或电流继电器的电流线圈相串联。

电力系统中，经常将大电流 I_1 变成小电流 I_2 进行测量，所以二次绕组的匝数 N_2 多于一次绕组的匝数 N_1。电流互感器的二次额定电流一般为 5A，也有 1A 和 0.5A 的。

3）接线方式。

a. 两相不完全星形接线方式（V 形接线方式）如图 1-35 所示。

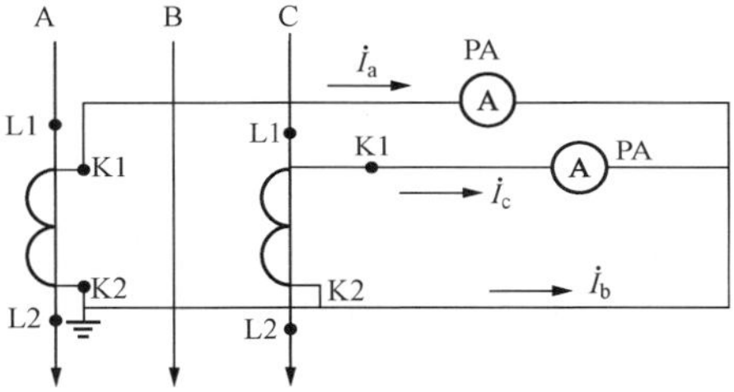

图 1-35　两相不完全星形接线方式

两相不完全星形接线方式的优点：①节省导线。②能利用接线方法取得第三电流，一般为 B 相电流。

两相不完全星形接线方式的缺点：①现场用单相方法校验时，由于实际二次负载与运行时不一致，有时必须采用三相方法（或其他类似方法），给校验工作带来一些困难。②由于有可能其中一相极性接反，公用线电流变成差电流，使错误接线几率相对出现较多一些。

在三相电流对称时，一次侧、二次侧各相电流向量如图 1-36 所示。

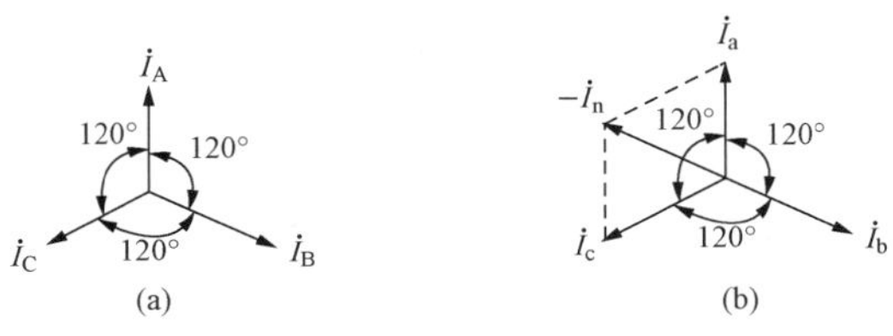

图 1-36　一次侧、二次侧电流向量

（a）一次侧电流向量；（b）二次侧电流向量

从图 1-36 可见，三相电流的向量和为零，即 $\dot{I}_a+\dot{I}_b+\dot{I}_c=0$，由此可见，公共导线中的电流 $\dot{I}_n$ 等于两个电流互感器二次侧电流的向量和，其方向相反，即 $\dot{I}_n=-(\dot{I}_a+\dot{I}_c)$，因为 $\dot{I}_b=-(\dot{I}_a+\dot{I}_c)$，所以 $\dot{I}_n=\dot{I}_b$。此种接线方式只适用于三相三线制电路，因为在三相三线电路中无中线，所以不论三相电流是否对称，三相电流之和为零。因此，B 相电流的测量可通过 A、C 两相电流互感器取二次侧反相的 a、c 两相电流的向量和。故在三相三线电路中 B 相可不装电流互感器。

b. 分相连接。分相连接原理图如图 1-37 所示。

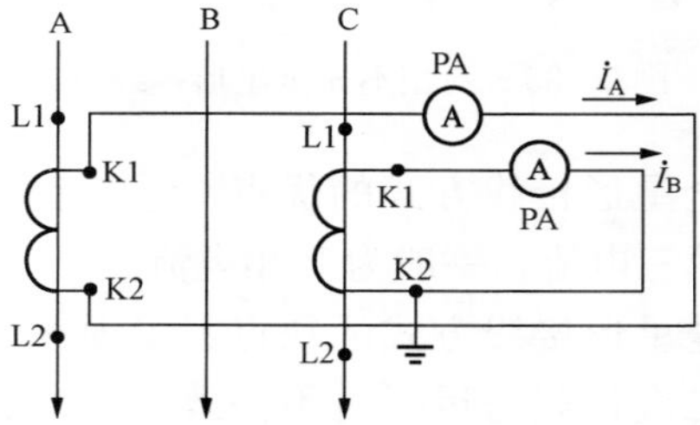

图 1-37　分相连接原理图

分相连接优点：

（1）现场用单相方法校验与实际运行负载相同；

（2）错误接线几率相对少一些；

分相连接缺点：增加了一根导线。

c. 完全星形接线（Y 形）如图 1-38 所示。

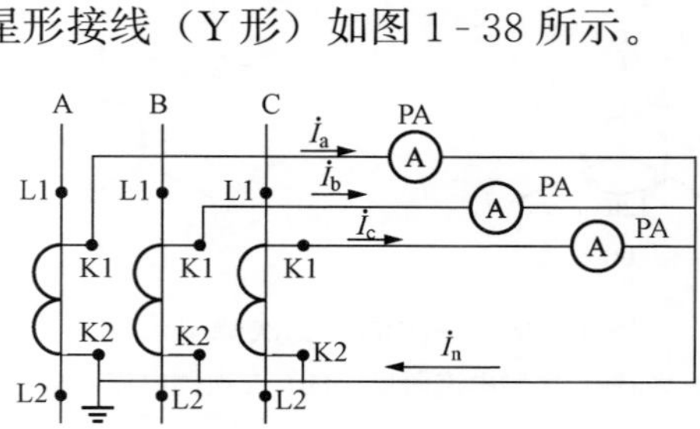

图 1-38　三相星形接线原理图

这种方法不允许断开公用接线，否则影响计量精度（因为零序电流没有通路）。

四、电能计量装置倍率及计算

电能表计量装置的倍率一般分两部分：一是电能表本身结构决定的倍率；二是电流互感器与电压互感器变比引起的倍率，若电能表、互感器没有变化时，则电能计量装置的倍率为

$$电能计量装置倍率=电能表本身倍率\times K_{TV}\times K_{TA}$$

若电能表本身没有倍率时，则电能计量装置的倍率为

$$电能计量装置倍率=K_{TV}\times K_{TA}$$

式中：K_{TV}为电压互感器变比；K_{TA}为电流互感器变比。

第二章

电能计量装置的正确接线及向量关系

电能计量装置的准确与否直接涉及供用电双方的经济利益，同时供电企业将计量管理列为线损率管理的先决条件。错误接线给电能计量带来了很大的误差，因此，必须熟悉掌握电能计量装置的正确接线方式，确保电能计量装置的接线正确，只有这样才能保证电能计量的准确。

第一节　单相有功电能表的正确接线及向量关系

一、单相有功电能表直接接入式

对以“一相一零”供电的用户，可只装一只单相电能表进行计量。接线的原则是将的电流线圈串接在相线中，电压线圈并接在相线和零线上。

单相有功电能表直接接入式的接线方式如图 2-1 所示，电源线及零线分别进 1、4 端钮，负荷线（即用户侧）分别由 3、5 端钮引出。

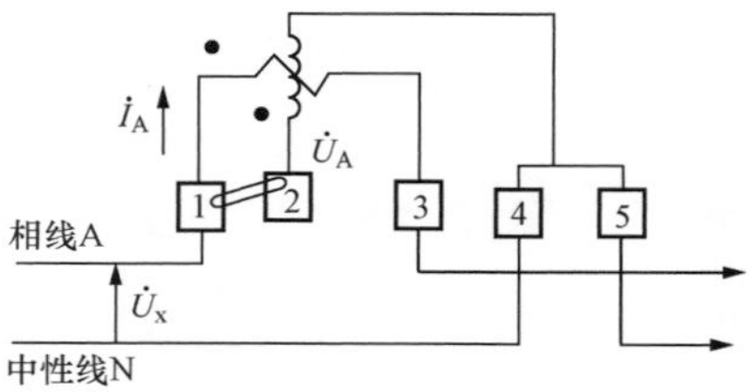

图 2-1　单相有功电能表直接接入式的接线方式

该接线的注意事项为：

（1）相线、中性线不能搞错。如果相线、中性线相互接反，不但影响到正确计量电能，同时由于电表箱带电，很容易引起触电事故的发生。

（2）电流线圈不能接反。

（3）不要忘记合上接线盒连接片，合上后还要将连接片螺丝拧紧，否则将引起误差。

二、单相有功电能表经电流互感器接入

在用单相电能表测量大电流的单相电路的用电量时，应使用电流互感器进行电流变换，电流互感器的电流线圈将大电流变换成小电流进行电能计量。单相有功电能表经电流互感器接入的接线方式如图 2-2 所示。

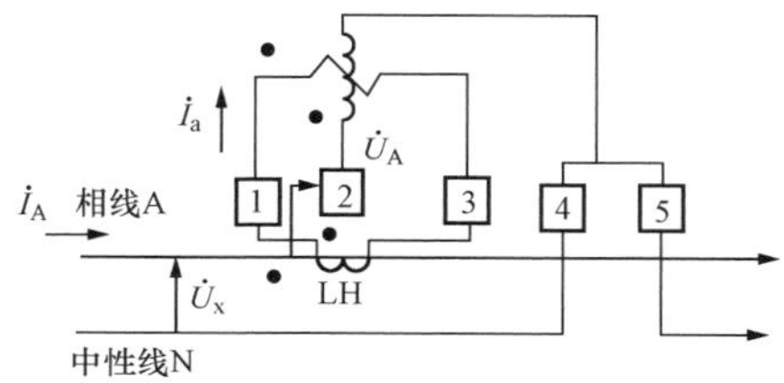

图 2-2　单相有功电能表经电流互感器接入的接线方式

根据图 2-2 可作出相应的向量关系图，如图 2-3 所示。

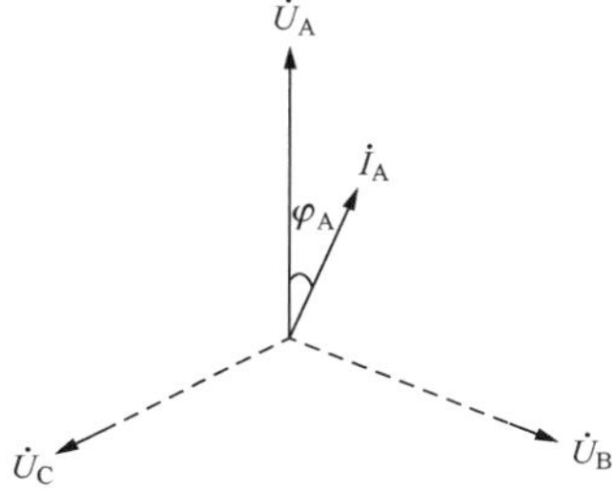

图 2-3　带电流互感器的单相电能表向量关系图

从图 2-3 中可知，单相电能表所计量的电能用功率可表示为

$$P=U_{A}I_{A}\cos\varphi_{A}$$

或

$$P=U_{x}I_{x}\cos\varphi$$

式中：U_{A} 为 A 相电压；I_{A} 为 A 相电流；U_{x}、I_{x} 表示相电压和相电流。

单相电路的电能公式为：$A_{R}=U_{x}I_{x}\cos\varphi\cdot t$ 可见，电能和功率只相差时间因素。为使电能测量接线原理分析简化，时间可暂不参与运算，在列解电能公式时可用功率来表示。

第二节　三相四线制有功电能表的正确接线及向量关系

三相四线制有功电能表是按三表法的测量原理构成的，即三相四线有功电能表相似于将三只单相有功电能表组合在一起，它有三个驱动元件，所以又叫三元件有功电能表。

一、三相四线三元件的接线方式

如果负载的功率在电能表允许的范围内，即流过电能表电流线圈的电流不至于导致线圈烧毁，那么就可以采用直接接入法。三相四线直通有功电能表接线方式如图 2-4 所示。

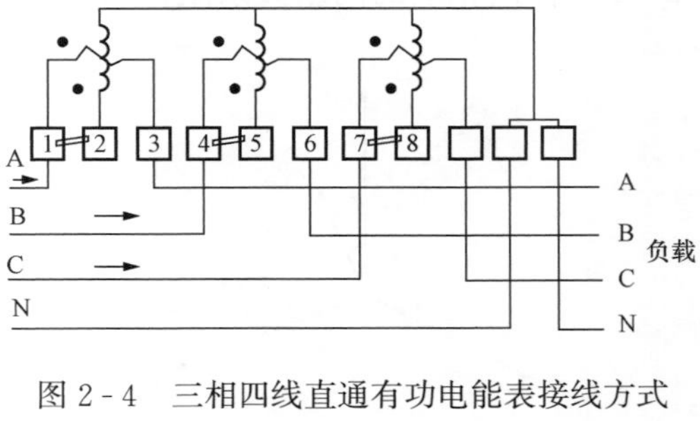

图 2-4　三相四线直通有功电能表接线方式

测量大电流的三相电路的用电量时，因为线路流过的电流

很大，例如 300～500A，不可能采用直接接入法，应使用电流互感器进行电流变换，将大的电流变换成小的电流，即电能表能承受的电流，然后再进行计量。

一般来说，电流互感器的二次侧电流都是 5A，例如电流互感器的变比为 300/5、100/5，即一次侧所能承载的最大电流分别为 300A 和 100A，而二次侧的电流都是在 5A 范围内。

三相四线有功电能表经电流互感器接入接线方式如图 2-5 所示。

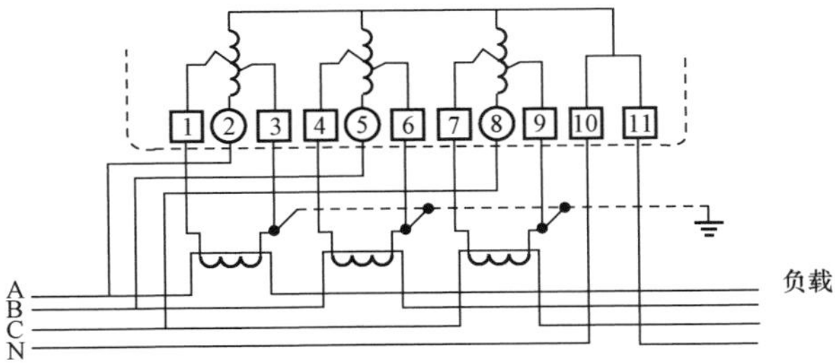

图 2-5　三相四线有功电能表经电流互感器接入接线方式

三相四线有功电能表经电流互感器接入的向量关系如图2-6 所示。

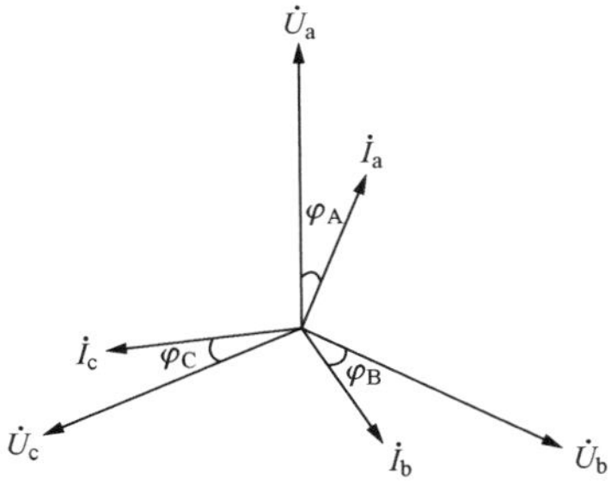

图 2-6　三相四线有功电能表经电流互感器接入向量关系

各个元件所计量的电能为

$$P = P_a + P_b + P_c$$
$$= U_a I_a \cos\varphi_a + U_b I_b \cos\varphi_b + U_c I_c \cos\varphi_c$$

当相电路平衡时，$P = 3U_x I_x \cos\varphi$。

式中，U_x 和 I_x 分别表示相电压和相电流。可以证明，上式还可用 $P = \sqrt{3} UI\cos\varphi$ 来表示，因为星形接法时：$U_L = \sqrt{3} U_x$，$I_L = I_x$，三角形接法时：$U_L = U_x$，$I_L = \sqrt{3} I_x$，故均可用 $P = \sqrt{3} UI\cos\varphi$表示三相电路的有功功率，但式中的 U 与 I 分别是线电压和线电流。

以上推导结果表明：不论电压是否对称，负载是否平衡，这种都可以正确计量三相四线电路中的电能。

二、三相四线制电能计量装置相电压与相电流的向量及相位角关系

在平时对三相四线制计量装置的检查中，经常遇到电流线进出接反的情况，其正负电流与电压之间的相位角关系如图2-7所示。

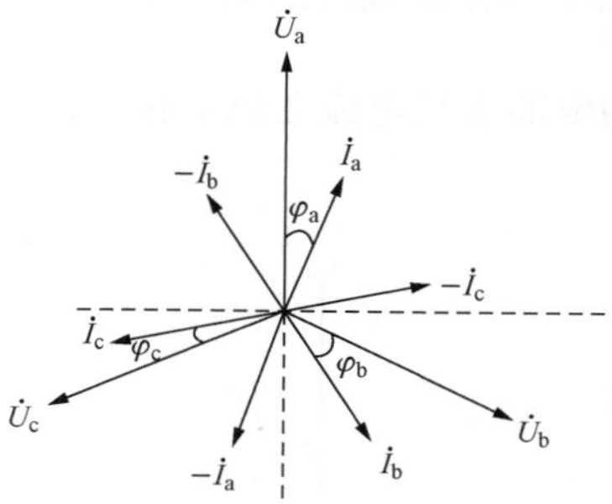

图 2-7　相电压与相电流的向量关系

根据图 2-7，分析可得三相四线制电能计量装置相电压与相电流的相位角关系（设三个相位角均相等，即为 φ），如表 2-1所示。

表 2-1　　相电压与相电流的相位角关系

相电流 / 相电压	$\dot{I}_a$	$\dot{I}_b$	$\dot{I}_c$	$-\dot{I}_a$	$-\dot{I}_b$	$-\dot{I}_c$
$\dot{U}_a$	φ	$120°+\varphi$	$240°+\varphi$	$180°+\varphi$	$300°+\varphi$	$60°+\varphi$
$\dot{U}_b$	$240°+\varphi$	φ	$120°+\varphi$	$60°+\varphi$	$180°+\varphi$	$300°+\varphi$
$\dot{U}_c$	$120°+\varphi$	$240°+\varphi$	φ	$300°+\varphi$	$60°+\varphi$	$180°+\varphi$

三、三相四线的联合接线方式

根据不同的计量要求可采用不同的计量方式，因此便有不同种类如有功、无功、最大需量、分时等的组合，这种组合的接线称联合接线。随着科学技术的发展，多功能电子表应运而生，它既能计量有功、无功，也能计量最大需量，还能分时计量。下面只简单介绍有功和无功电能的联合接线方式。

1. 经电流互感器接入的联合接线

经电流互感器接入的低压三相四线有功、无功（三元件）的联合接线如图 2-8 所示。

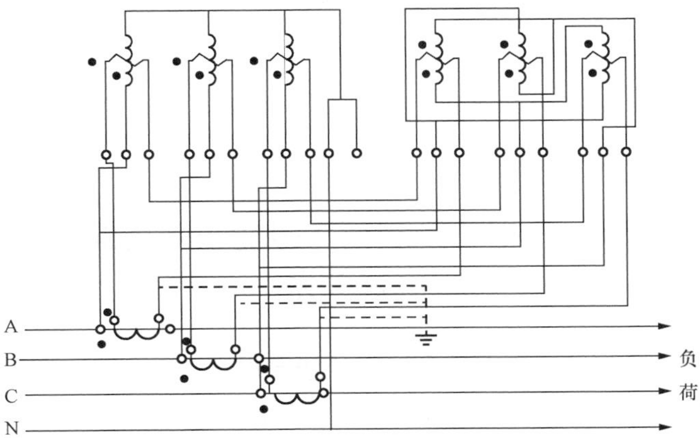

图 2-8　经电流互感器接入的有功、无功联合接线

此种接线方式是最早的“高供低计”的计量方式，有功无功分别计量，随着科技的发展，目前单独的无功电能表已被淘汰，取而代之的是多功能电子表，由于其多功能性，简化了计量装置接线工作的复杂性。

2. 经电压、电流互感器接入三相三线有功、无功联合接线

经电压、电流互感器接入三相三线有功、无功联合接线如图 2-9 所示。

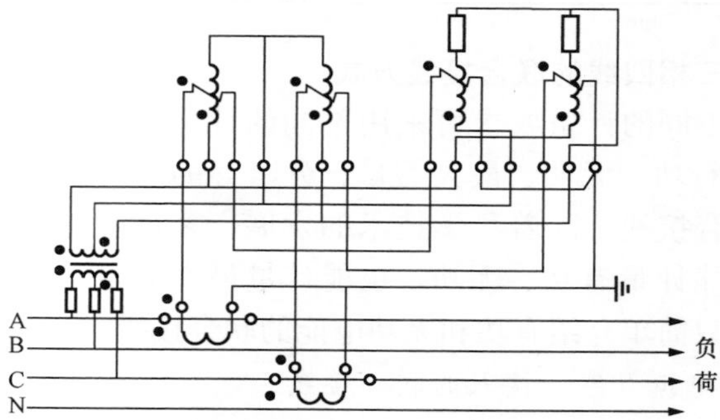

图 2-9 经电压、电流互感器接入三相三线有功、无功联合接线

此种计量方式是用两块电能表，即有功电能表和无功电能表，分别计量有功电能和无功电能，用于“高供高计”计量装置接线中，目前已被淘汰。

第三节 三相三线制有功电能表的正确接线及向量关系

一、三相三线制有功电能表接线原理图

1. 三相三线制有功电能表接线方式

三相三线制有功电能表接线方式如图 2-10 所示。

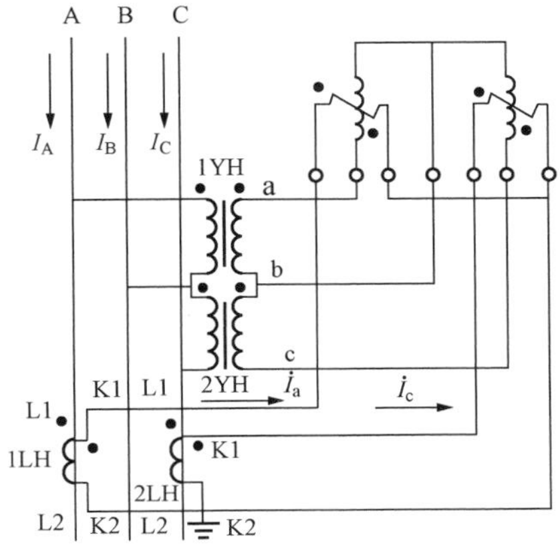

图 2-10　三相三线制有功电能表接线方式

2. 三相三线制有功电能表接线两元件的瞬时功率

第一元件所测得的瞬时功率为

$$p_1=u_{ab}i_a=(u_a-u_b)i_a$$

第二元件所测得的瞬时功率为

$$p_2=u_{cb}i_c=(u_c-u_b)i_c$$

设两元件瞬时功率之和为 p，则

$$\begin{aligned}p&=p_1+p_2\\&=(u_a-u_b)i_a+(u_c-u_b)i_c\\&=u_ai_a-u_bi_a+u_ci_c-u_bi_c\\&=u_ai_a+u_ci_c-u_b(i_a+i_c)\end{aligned}$$

即　$$p=u_ai_a+u_ci_c-u_b(i_a+i_c)$$

因为在三相三线电路中各相电流瞬时值之和为零，即

$$i_a+i_b+i_c=0$$

所以　$$i_a+i_c=-i_b$$

将 $i_a+i_c=-i_b$ 代入 $p=u_ai_a+u_ci_c-u_b(i_a+i_c)$ 中，则得

$$p=u_ai_a+u_ci_c+u_bi_b$$

由以上分析可以看出，不管电压是否对称，负载是否平衡，

这种接线方法完全可以正确反映三相三线有功功率。

3. 三相三线制有功电能表接线方式向量关系

三相三线制有功电能表接线方式向量关系如图 2-11 所示。

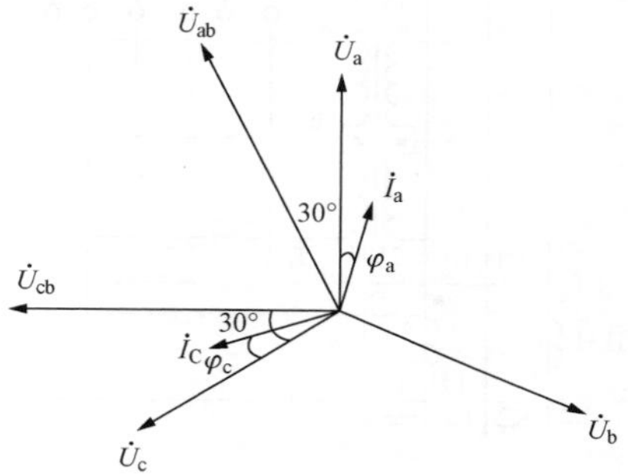

图 2-11　三相三线有功电能表接线方式向量关系

如果用有效值表示的话，根据向量图可知两个元件所测得的电能（以功率表示）分别为：

第一元件所测得的功率为

$$P_1 = U_{ab} I_a \cos(30° + \varphi_a)$$

第二元件所测得的功率为

$$P_2 = U_{cb} I_c \cos(30° - \varphi_c)$$

两元件功率之和为

$$\begin{aligned} P &= P_1 + P_2 \\ &= U_{ab} I_a \cos(30° + \varphi_a) + U_{cb} I_c \cos(30° - \varphi_c) \end{aligned}$$

当三相系统完全对称时，则有

$$U_{ab} = U_{bc} = U_{ca} = U, I_a = I_b = I_c = I, \varphi_a = \varphi_b = \varphi_c = \varphi$$

因此两个元件测量的总功率又可写为

$$\begin{aligned} P &= P_1 + P_2 \\ &= UI\cos(30° + \varphi) + UI\cos(30° - \varphi) \\ &= \sqrt{3} UI\cos\varphi \end{aligned}$$

该公式乘以用电时间即为三相电路的有功电能。

二、三相三线制电能计量装置线电压与相电流的向量及相位角关系

在平时对三相三制高压电能计量装置检查当中，经常遇到电流线进出接反的情况，现将正负电流与电压之间相位角的关系如图 2 - 12 所示。

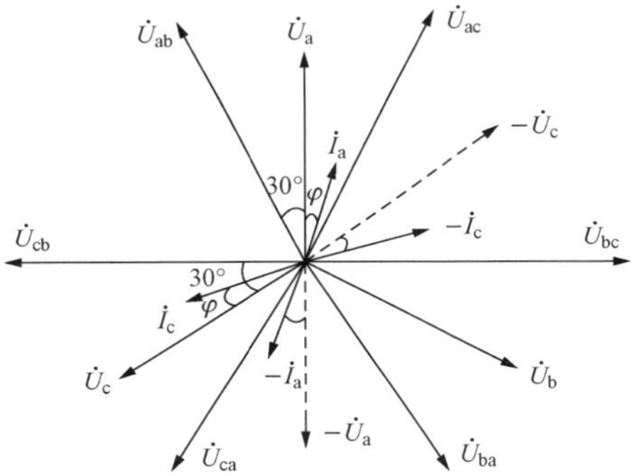

图 2 - 12　正负相电流与电压之间相位角关系

1. 线电压与相电流的向量关系

线电压与相电流的向量关系如图 2 - 13 所示。

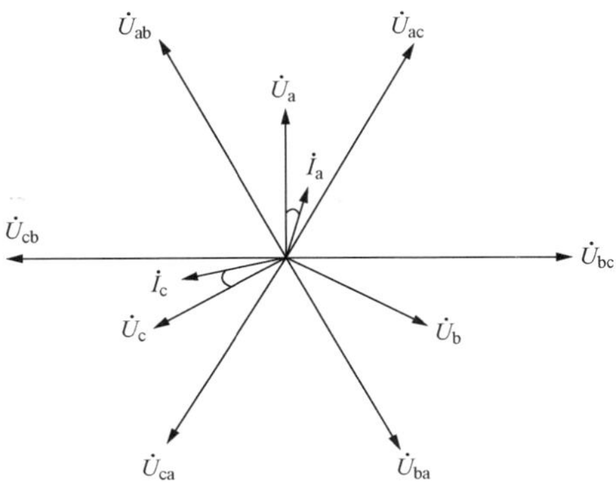

图 2 - 13　线电压与相电流的向量关系

2. 线电压与相电流的相位角关系

根据图 2-12 分析可得出线电压与相电流之间的相位角关系，如表 2-2 所示。

表 2-2　　线电压与相电流的相位角关系

相电压 / 线电流	$\dot{U}_{ab}$	$\dot{U}_{cb}$	$\dot{U}_{bc}$	$\dot{U}_{ac}$	$\dot{U}_{ca}$	$\dot{U}_{ba}$
$\dot{I}_a$	$30°+\varphi$	$90°+\varphi$	$90°-\varphi$或$270°+\varphi$	$30°-\varphi$或$330°+\varphi$	$150°+\varphi$	$150°-\varphi$
$\dot{I}_c$	$90°-\varphi$或$270°+\varphi$	$30°-\varphi$或$330°+\varphi$	$150°+\varphi$	$150°-\varphi$	$30°+\varphi$	$90°+\varphi$
$-\dot{I}_a$	$150°-\varphi$	$90°-\varphi$或$270°+\varphi$	$90°+\varphi$	$150°+\varphi$	$30°-\varphi$或$330°+\varphi$	$30°+\varphi$
$-\dot{I}_c$	$90°+\varphi$	$150°+\varphi$	$30°-\varphi$或$330°+\varphi$	$30°+\varphi$	$150°-\varphi$	$90°-\varphi$或$270°+\varphi$

熟练掌握以上线电压与相电流之间的相位角关系，对分析判断电能计量装置接线有着非常重要的帮助作用。

第三章

三相电能表接线相序的快速判断方法

第一节　三相交流电的相序及向量关系

三相交流电的相序是人为规定的三相交流电的先后次序，为便于分析，将一次侧的三相交流电相序用 A、B、C 表示，二次侧的用 a、b、c 表示。

一、正相序、负相序、零相序概念

动力电源采用的交流电为三相对称正弦交流电。这种交流电是由三相交流发电机产生的，特点是三相正弦交流电的最大值（或有效值）相等，相位各差 1/3 周期（120°）。所谓相序，就是三相交流电各相瞬时值达到正的最大值的顺序，即相位的顺序。

当 A 相比 B 相超前 120°时，B 相比 C 相超前 120°，C 相又比 A 相超前 120°，这样的相序就是 A—B—C，称为正相序（或顺相序）。如果任意两相对调，则称为负相序（或逆相序），如 A、C 两相对调，则为 C—B—A。

分析任意一组相量，可分解为三组对称相量：

（1）正序分量。其大小相等、相位互差 120°，相序是顺时针方向旋转的。

（2）负序分量。其大小相等、相位互差为 120°，相序是逆时针方向旋转的。

（3）零序分量。其大小相等、相位一致。

二、正、负相序电压向量关系

1. 正相序电压向量关系

正常情况下，三相电压的 A 相超前 B 相 120°、B 相超前 C

相 120°、C 相超前 A 相 120°，此时称为正相序（规定顺时针方向旋转为正相序）。正相序有三种：abc、bca、cab，正相序电压向量图如图 3－1 所示。

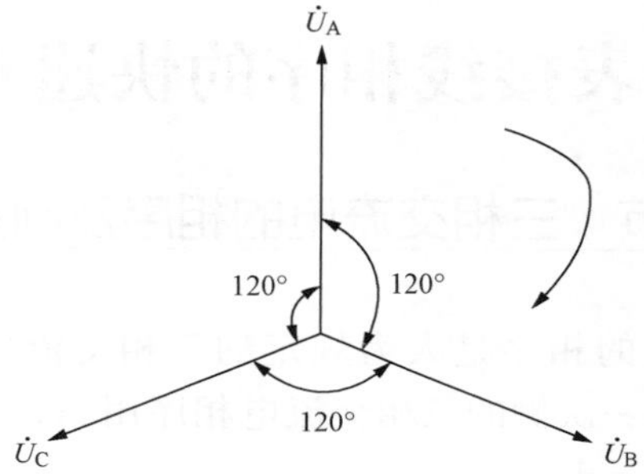

图 3－1　电压正相序向量图

2. 负相序向量关系

与正相序的电压相序关系相反，如果 B 相超前 A 相 120°，或者 C 相超前 B 相 120°，或者 A 相超前 C 相 120°，这种相序称为负相序（规定逆时针旋转的方向为负相序）。负相序也有三种，即 acb、cba、bac，如图 3－2 所示。

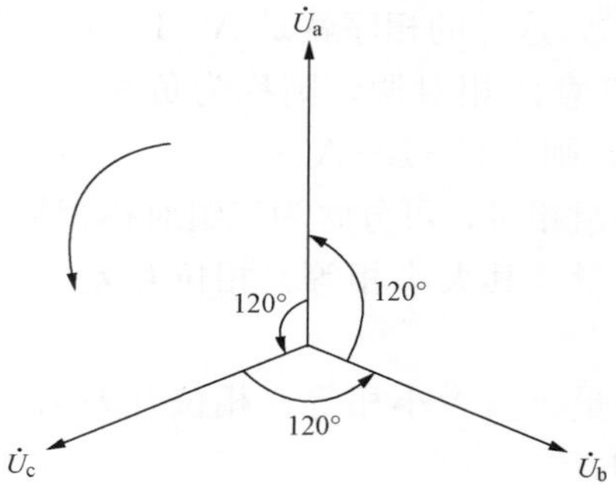

图 3－2　电压负相序向量图

本章分析的电路均按感性负载电路进行的。

第二节　三相电能表接线的正相序及向量关系

一、三相四线制电能表（低压表）接线的正相序

1. 正相序相电压与相电流向量关系

三相四线制电能表接线 abc 正相序相电压、相电流向量关系如图 3-3 所示。

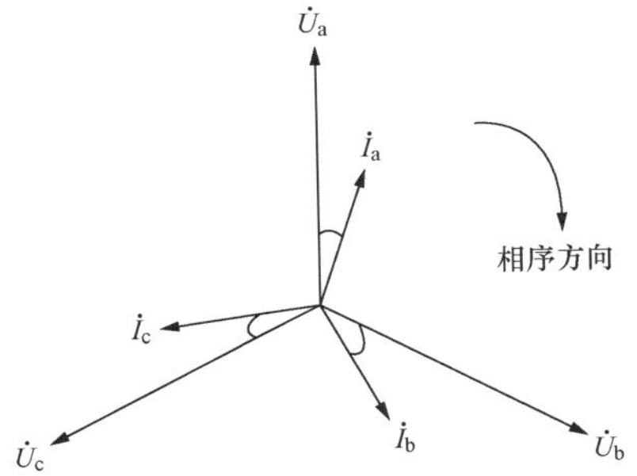

图 3-3　三相四线制电能表接线 abc 正相序相电压与相电流向量关系

只要三相电流与相对应的相电压分别对应，无论哪种正相序均能正确计量电能。

2. 相电压与相电流的相位角关系

根据图 3-3 分析可以得出相电压与相电流的相位角关系，如表 3-1 所示。

表 3-1　　正相序相电压与相电流的相位角关系

相位角关系	数值	相位角关系	数值	相位角关系	数值
$\widehat{\dot{U}_a\dot{I}_a}$	φ	$\widehat{\dot{U}_b\dot{I}_a}$	$240°+\varphi$	$\widehat{\dot{U}_c\dot{I}_a}$	$120°+\varphi$
$\widehat{\dot{U}_a\dot{I}_b}$	$120°+\varphi$	$\widehat{\dot{U}_b\dot{I}_b}$	φ	$\widehat{\dot{U}_c\dot{I}_b}$	$240°+\varphi$
$\widehat{\dot{U}_a\dot{I}_c}$	$240°+\varphi$	$\widehat{\dot{U}_b\dot{I}_c}$	$120°+\varphi$	$\widehat{\dot{U}_c\dot{I}_c}$	φ

二、三相三线制电能表（高压表）接线正相序

三相三线制电能表接线的正相序情况有三种，即 abc、bca、cab，因其互感器接线方式的特殊性，使得能正确计量的只有 abc 正相序一种。

1. 线电压与相电流向量关系

三相三线制电能表接线 abc 正相序线电压与相电流向量关系如图 3 - 4 所示。

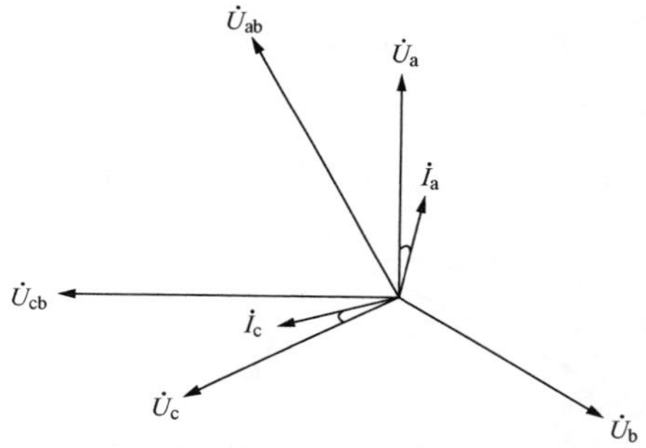

图 3 - 4　三相三线制电能表接线 abc 正相序线电压与相电流向量关系

2. 三相三线制电能表 abc 正相序线电压与相电流的相位角关系

根据图 3 - 4 分析可得出线电压与相电流的相位角关系，如表 3 - 2 所示。

表 3 - 2　　正相序线电压与相电流的相位角关系

相位角关系	数值	相位角关系	数值
$\widehat{\dot{U}_{ab}\dot{I}_a}$	$30°+\varphi$	$\widehat{\dot{U}_{cb}\dot{I}_a}$	$90°+\varphi$
$\widehat{\dot{U}_{ab}\dot{I}_c}$	$270°+\varphi$	$\widehat{\dot{U}_{cb}\dot{I}_c}$	$330°+\varphi$

第三节　三相电能表接线的负相序及向量关系

三相四线制电能表接线的负相序情况有三种，即 acb、cba、bac。在相电压与相电流一一对应的情况下，此三种方式的负相序均能正确计量电能。

一、三相四线制接线（低压表）负相序

正相序和负相序均有三种形式，实际工作运行中是哪一种形式还需分析才能知道，为了便于分析，将相序的顺序设定为 123 次序，顺时针方向为正相序，逆时针方向为负相序。

1. 三相四线制电能表负相序及向量关系

为能正确理解负相序的关系，且准确判断，我们把负相序的电压和各相顺序写为$\dot{U}_1$、$\dot{U}_2$、$\dot{U}_3$，且逆时针旋转，负相序向量如图 3 - 5 所示。

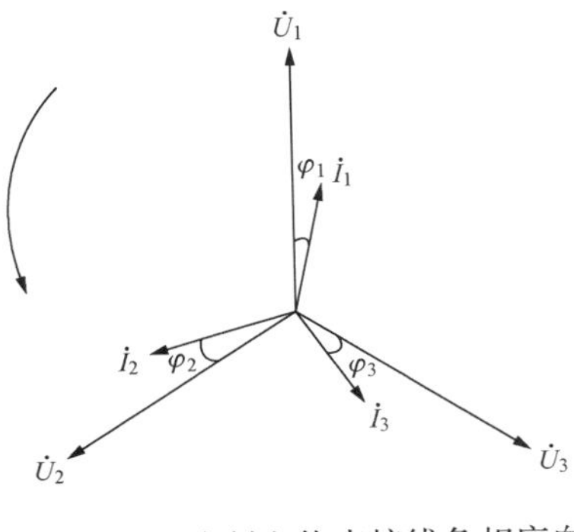

图 3 - 5　三相四线制电能表接线负相序向量图

2. 三相四线制电能表负相序相电压与相电流之间夹角关系

根据图 3 - 5 可得出负相序相电压与相电流之间的夹角情况，如表 3 - 3 所示。

表 3-3　　　　负相序相电压与相电流的相位角关系

相位角关系	数值	相位角关系	数值	相位角关系	数值
$\widehat{\dot{U}_1\dot{I}_1}$	φ	$\widehat{\dot{U}_2\dot{I}_1}$	$120°+\varphi$	$\widehat{\dot{U}_3\dot{I}_1}$	$240°+\varphi$
$\widehat{\dot{U}_1\dot{I}_2}$	$240°+\varphi$	$\widehat{\dot{U}_2\dot{I}_2}$	φ	$\widehat{\dot{U}_3\dot{I}_2}$	$120°+\varphi$
$\widehat{\dot{U}_1\dot{I}_3}$	$120°+\varphi$	$\widehat{\dot{U}_2\dot{I}_3}$	$240°+\varphi$	$\widehat{\dot{U}_3\dot{I}_3}$	φ

注　如果是容性负载，则 φ 角为负值，即电压滞后于电流一个 φ 角。

二、三相三线制电能表（高压表）接线的负相序

三相三线制电能表（高压表）接线的负相序情况也有三种，即 acb、cba、bac。但能正确计量电能的只有一种，即 cba 相序，且相电压与相电流应一一对应。

1. 线电压与相电流向量关系

三相三线制电能表接线 cba 负相序线电压与相电流向量关系如图3-6所示。

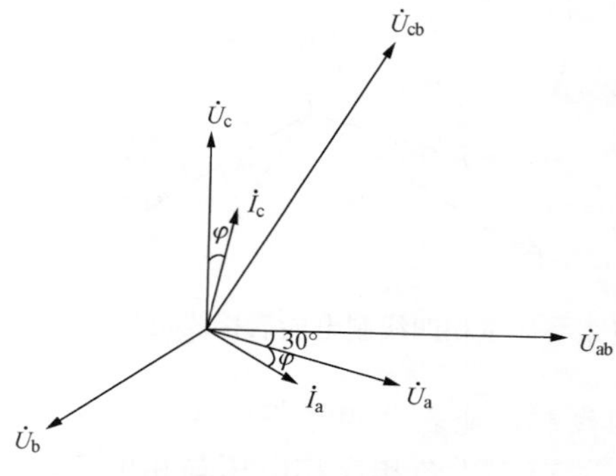

图 3-6　三相三线制电能表接线 cba 负相序线电压与相电流向量关系

2. 线电压与相电流的相位角关系

根据图 3-6 可得出线电压与相电流的相位角关系，如表 3-4所示。

表 3-4　　线电压与相电流的相位角关系

相位角关系	数值	相位角关系	数值
$\widehat{\dot{U}_{cb}\dot{I}_1}$	$330°+\varphi$	$\widehat{\dot{U}_{cb}\dot{I}_3}$	$90°+\varphi$
$\widehat{\dot{U}_{ab}\dot{I}_1}$	$270°+\varphi$	$\widehat{\dot{U}_{ab}\dot{I}_3}$	$30°+\varphi$

第四节　三相电能表接线相序的快速判断方法

正常情况下，三相电压的相序 A 相超前 B 相 120°、B 相超前 C 相 120°、C 相超前 A 相 120°，此时的三相电压称为正相序。与此相反，如果 B 相超前 A 相 120°，或者 C 相超前 B 相 120°，或者 A 相超前 C 相 120°，我们称此时的三相电压为负序，亦即逆相序。

正、负相序可利用相位仪测得各相电压或线电压的相位角来判断，有些智能电能表上也有较为明显的标识，即通过正、负相序的警示灯来判断。下面着重介绍利用相位仪测得各相电压或线电压之间的相位角来判断。

一、三相四线制电能表接线（即高供低计）正、负相序的快速判断方法

1. 三相四线制电能表接线正相序的快速判断方法

以$\dot{U}_1$为基准，测得相位角度，$\dot{U}_2$超前$\dot{U}_1$ 240°（或者说$\dot{U}_2$滞后$\dot{U}_1$ 120°），$\dot{U}_3$超前$\dot{U}_1$ 120°（或者说$\dot{U}_3$超前$\dot{U}_2$－120°或 240°），则判断为正相序。具体测得数据应符合表 3-5 关系。

表 3-5　　相电压与相电流的相位角关系

相位角关系	数值	相位角关系	数值	相位角关系	数值
$\widehat{\dot{U}_1\dot{I}_1}$	φ	$\widehat{\dot{U}_2\dot{I}_1}$	$240°+\varphi$	$\widehat{\dot{U}_3\dot{I}_1}$	$120°+\varphi$
$\widehat{\dot{U}_1\dot{I}_2}$	$120°+\varphi$	$\widehat{\dot{U}_2\dot{I}_2}$	φ	$\widehat{\dot{U}_3\dot{I}_2}$	$240°+\varphi$
$\widehat{\dot{U}_1\dot{I}_3}$	$240°+\varphi$	$\widehat{\dot{U}_2\dot{I}_3}$	$120°+\varphi$	$\widehat{\dot{U}_3\dot{I}_3}$	φ

根据上面关系，也可以用下列方法进行快速判断：

（1）若（$\widehat{\dot{U}_2\dot{I}_1}-\widehat{\dot{U}_1\dot{I}_1}$）$=240°$（或$-120°$），则为正序。即按顺序相邻两相电压夹角为 240°或−120°，则可判断为正相序。

（2）若（$\widehat{\dot{U}_3\dot{I}_1}-\widehat{\dot{U}_1\dot{I}_1}$）$=120°$（或$-240°$），则为正序。即按顺序相隔两相电压夹角为 120°或−240°，则可判断为正相序。

2. 三相四线制接线负相序的判断方法

以$\dot{U}_1$为基准，测得相位角度，$\dot{U}_2$超前$\dot{U}_1$ 120°，$\dot{U}_3$超前$\dot{U}_1$ 240°，或$\dot{U}_3$超前$\dot{U}_2$ 120°，则判断为负相序，具体测得数据应符合表 3-6 关系。

表 3-6　　相电压与相电流的相位角关系

相位角关系	数值	相位角关系	数值	相位角关系	数值
$\widehat{\dot{U}_1\dot{I}_1}$	φ	$\widehat{\dot{U}_2\dot{I}_1}$	$120°+\varphi$	$\widehat{\dot{U}_3\dot{I}_1}$	$240°+\varphi$
$\widehat{\dot{U}_1\dot{I}_2}$	$240°+\varphi$	$\widehat{\dot{U}_2\dot{I}_2}$	φ	$\widehat{\dot{U}_3\dot{I}_2}$	$120°+\varphi$
$\widehat{\dot{U}_1\dot{I}_3}$	$120°+\varphi$	$\widehat{\dot{U}_2\dot{I}_3}$	$240°+\varphi$	$\widehat{\dot{U}_3\dot{I}_3}$	φ

根据表 3-6，也可以用下列方法对负相序作出快速判断。

(1) 若 $(\widehat{\dot{U}_2\dot{I}_1}-\widehat{\dot{U}_1\dot{I}_1})=120°$（或 $-240°$），则为负相序。即按顺序相邻两相电压夹角为 120°或 $-240°$，则可判断为负相序。

(2) 若 $(\widehat{\dot{U}_3\dot{I}_1}-\widehat{\dot{U}_1\dot{I}_1})=240°$（或 $-120°$），则为负相序。即按顺序相隔两相电压夹角为 240°或 $-120°$，则可判断为负相序。

二、三相三制接线（即高供高计）正、负相序的判断方法

1. 三相三两元件接线正相序的判断

分析测得的相位角，三相电压的相序设定为 123，以 $\dot{U}_{12}$、$\dot{U}_{32}$ 分别对 $\dot{I}_1$ 的相位角来分析判断：若 $\dot{U}_{32}$ 超前 $\dot{U}_{12}$ 60°，即说明电压为正相序。

正相序线电压与相电流的相位角关系如表 3-7 所示。

表 3-7　正相序各线电压与各相电流的相位角关系

相位角关系	数值	相位角关系	数值
$\widehat{\dot{U}_{12}\dot{I}_1}$	$30°+\varphi$	$\widehat{\dot{U}_{12}\dot{I}_3}$	$270°+\varphi$
$\widehat{\dot{U}_{32}\dot{I}_1}$	$90°+\varphi$	$\widehat{\dot{U}_{32}\dot{I}_3}$	$330°+\varphi$

根据表 3-7，也可以用下列方法对正相序作出快速判断。

比较测得的相位角关系，若 $(\widehat{\dot{U}_{32}\dot{I}_I}-\widehat{\dot{U}_{12}\dot{I}_I})>0$ 则为正相序。

2. 三相三两元件接线负相序的判断方法

三相电压相序同样也设定为 123 顺序，分析测得的线电压与相电流的相位夹角。以 $\dot{U}_{12}$、$\dot{U}_{32}$ 分别对 $\dot{I}_1$ 的相位角来分析判断：若 $\dot{U}_{32}$ 超前 $\dot{U}_{12}$ $(-60°)$，即说明电压为负相序。负相序的相位角关系如表 3-8 所示。

表 3-8　负相序各线电压与各相电流的相位角关系

相位角关系	数值	相位角关系	数值
$\widehat{\dot{U}_{12}\dot{I}_1}$	$330°+\varphi$	$\widehat{\dot{U}_{12}\dot{I}_3}$	$90°+\varphi$
$\widehat{\dot{U}_{32}\dot{I}_1}$	$270°+\varphi$	$\widehat{\dot{U}_{32}\dot{I}_3}$	$30°+\varphi$

从表 3-8 可以快速判断出负相序。即，若 $(\widehat{\dot{U}_{32}\dot{I}_I}-\widehat{\dot{U}_{12}\dot{I}_I})<0$，则可判断为负相序。

第五节　三相电能表接线相序的快速判断方法实例分析

一、高供低计接线方式正、负相序的判断

【例 3-1】 某用户计量方式为高供低计，测得相电压及相电流数值均正常，相位角关系如表 3-9 所示，请判断三相电压相序的正负。

表 3-9　各相电压与各相电流的相位角数据

相位角关系	数值	相位角关系	数值	相位角关系	数值
$\widehat{\dot{U}_1\dot{I}_1}$	19°	$\widehat{\dot{U}_2\dot{I}_1}$	259°	$\widehat{\dot{U}_3\dot{I}_1}$	139°
$\widehat{\dot{U}_1\dot{I}_2}$	152°	$\widehat{\dot{U}_2\dot{I}_2}$	32°	$\widehat{\dot{U}_3\dot{I}_2}$	272°
$\widehat{\dot{U}_1\dot{I}_3}$	270°	$\widehat{\dot{U}_2\dot{I}_3}$	150°	$\widehat{\dot{U}_3\dot{I}_3}$	30°

解 根据测得相位角度，比较两相电压之间的夹角，即

$$(\widehat{\dot{U}_2\dot{I}_1}-\widehat{\dot{U}_1\dot{I}_1})=259°-19°=240°$$

因为$\dot{U}_2$超前$\dot{U}_1$ 240°，则可判断为正相序。

具体判断步骤分解如下：

（1）先以$\dot{U}_1$为参考方向，画出$\dot{U}_1$的向量方向，如图3-7所示。

（2）因为$\dot{U}_2$超前$\dot{U}_1$ 240°，则以$\dot{U}_1$为参考方向逆时针旋转240°，即为$\dot{U}_2$的向量位置，如图3-8所示。

（3）从表3-9可知，$\dot{U}_3$超前$\dot{U}_1$ 120°，则以$\dot{U}_1$为参考方向逆时针旋转120°，即为$\dot{U}_3$的向量位置，如图3-9所示。

图3-7 $\dot{U}_1$的向量

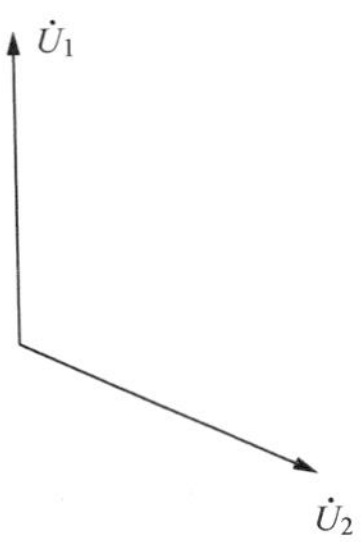

图3-8 $\dot{U}_1$、$\dot{U}_2$的向量

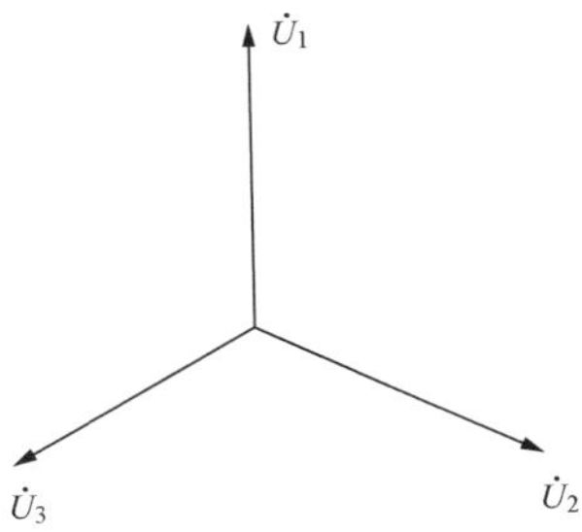

图3-9 $\dot{U}_1$、$\dot{U}_2$、$\dot{U}_3$的向量

从图3-9可以看出，三相电压$\dot{U}_1$、$\dot{U}_2$、$\dot{U}_3$的排列顺序是顺时针排列的，故可判断为正相序。

【例3-2】 某用户计量方式为高供低计，测得相电压及相电流数值均正常，相位角关系如表3-10所示，请判断三相电压相序的正负。

表 3 - 10　　　　各相电压与各相电流的相位角数据

相位角关系	数值	相位角关系	数值	相位角关系	数值
$\widehat{\dot{U}_1\dot{I}_1}$	50°	$\widehat{\dot{U}_2\dot{I}_1}$	170°	$\widehat{\dot{U}_3\dot{I}_1}$	290°
$\widehat{\dot{U}_1\dot{I}_2}$	269°	$\widehat{\dot{U}_2\dot{I}_2}$	33°	$\widehat{\dot{U}_3\dot{I}_2}$	152°
$\widehat{\dot{U}_1\dot{I}_3}$	142°	$\widehat{\dot{U}_2\dot{I}_3}$	262°	$\widehat{\dot{U}_3\dot{I}_3}$	26°

解　根据测得的相位角度

$$(\widehat{\dot{U}_2\dot{I}_1}-\widehat{\dot{U}_1\dot{I}_1})=170°-50°=120°$$

$$或(\widehat{\dot{U}_2\dot{I}_2}-\widehat{\dot{U}_1\dot{I}_2})=33°-269°\approx-240°$$

可知，$\dot{U}_2$超前$\dot{U}_1$ 120°，即相邻两夹角为 120°，则可快速判断出三相电压为负相序。

具体判断步骤分解如下：

(1) 先以$\dot{U}_1$为参考方向，画出$\dot{U}_1$的向量方向，如图 3 - 10 所示。

图 3 - 10　$\dot{U}_1$的向量

(2) 因为$\dot{U}_2$超前$\dot{U}_1$ 120°，则以$\dot{U}_1$为参考方向逆时针旋转 120°，即为$\dot{U}_2$的向量位置，如图 3 - 11 所示。

(3) 从表 3 - 10 可知，$\dot{U}_3$超前$\dot{U}_1$ 240°，则以$\dot{U}_1$为参考方向逆时针旋转 240°，即为$\dot{U}_3$的向量位置，如图 3 - 12 所示。

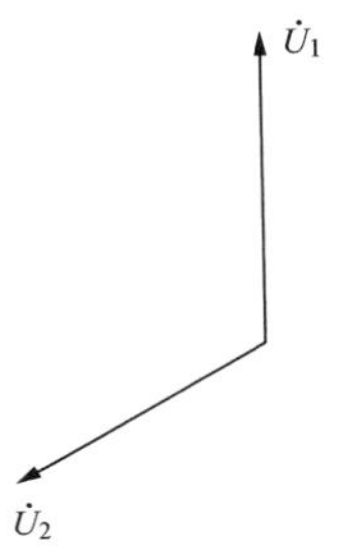

图 3-11　$\dot{U}_1$、$\dot{U}_2$的向量

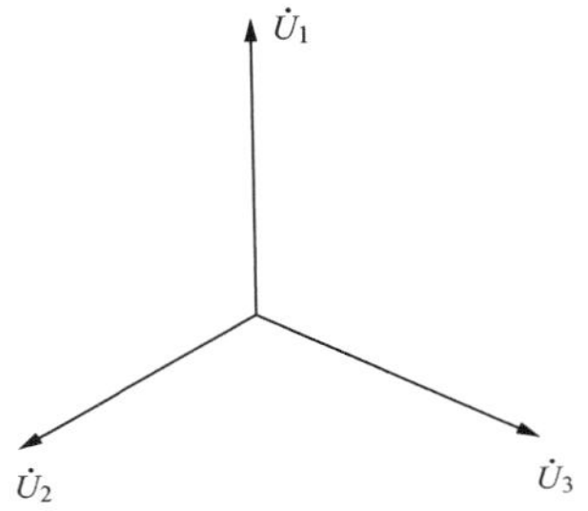

图 3-12　$\dot{U}_1$、$\dot{U}_2$、$\dot{U}_3$的向量

从电压向量图 3-12 可以看出，三相电压$\dot{U}_1$、$\dot{U}_2$、$\dot{U}_3$的排列顺序是逆时针排列的，故可判断为负相序。

二、三相三线制接线方式（即高供高计）正、负相序的判断

【例 3-3】 实测数据如表 3-11 所示，根据测得数据，说明接线方式，并进行调整。

表 3-11　　各线电压与各相电流的相位角数据

电流（A）		电压（V）				角度（°）			
I_1	1.2	U_{12}	98	U_{10}	98	$\widehat{\dot{U}_{12}\dot{I}_1}$	339°	$\widehat{\dot{U}_{12}\dot{I}_3}$	99°
		U_{32}	98	U_{20}	0	$\widehat{\dot{U}_{32}\dot{I}_1}$	279°	$\widehat{\dot{U}_{32}\dot{I}_3}$	39°
I_3	1.3	U_{31}	98	U_{30}	98				

解　（1）确定相序。由测得相位值可知

$$(\widehat{\dot{U}_{32}\dot{I}_1}-\widehat{\dot{U}_{12}\dot{I}_1})=279°-339°=-60°<0,$$

则可判断为负相序。

由于$U_{20}=0$，则可判断中相B的位置，进而确定为321负相序，亦即为cba负相序。画出负相序321的电压向量图，如图3-13所示。

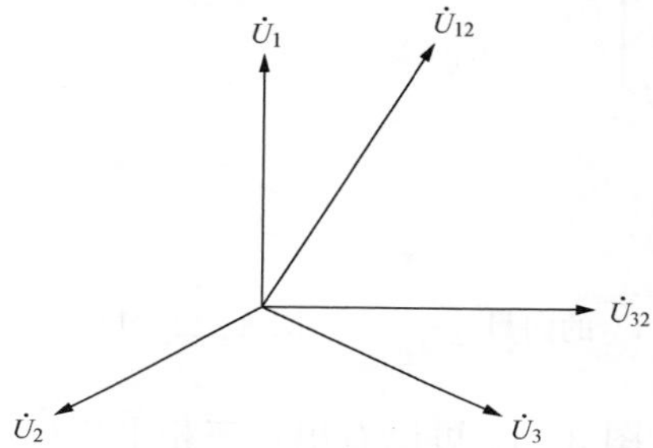

图3-13　负相序321的电压向量图

（2）cba电压负相序向量图如图3-14所示。

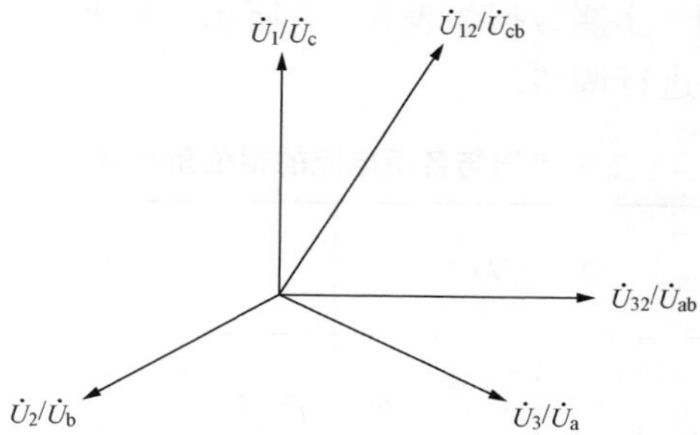

图3-14　cba电压负相序向量图

（3）根据测得的线电压与相电流相位角度值确定相电流$\dot{I}_a$（$\dot{I}_1$）、$\dot{I}_c$（$\dot{I}_3$）在向量图中的具体位置，如图3-15所示。

（4）列出两元件的功率表达式。

第一元件所计功率

$$P_1'=U_{cb}I_c\cos(30°-\varphi_c)$$

第二元件所计功率

$$P_2'=U_{ab}I_a\cos(30°+\varphi_a)$$

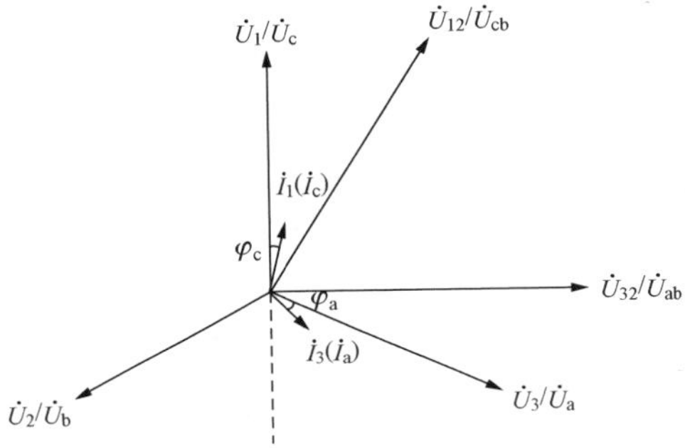

图 3-15　线电压与相电流的向量图

两元件的功率之和即为电能表所计量的总功率，用 P' 来表示，即

$$
\begin{aligned}
P' &= P_1' + P_2' \\
&= U_{cb} I_c \cos(30° - \varphi_c) + U_{ab} I_a \cos(30° + \varphi_a)
\end{aligned}
$$

当三相负载对称时

$$U_{cb} = U_{ab} = U,$$

$$I_a = I_b = I,$$

$$\varphi_a = \varphi_c$$

总功率表达式

$$
\begin{aligned}
P' &= P_1' + P_2' \\
&= UI\cos(30° - \varphi) + UI\cos(30° + \varphi)
\end{aligned}
$$

总功率表达式经简化换算可得

$$P' = \sqrt{3}UI\cos\varphi$$

由以上分析可以看出，CBA 逆相序所计量的功率，与正相序 ABC 所计量的功率是一样的，不影响电能的计量。

但是，此种计量方式在 TV 熔丝熔断时，容易给电量的追补造成错觉，同时负相序会给电能表的准确性带来一定的误差，所以应调整为 ABC 相序。三相电压 ABC 正相序，功率因数 $\cos\varphi = 0.86$，A 相电压互感器保险熔断时，将少计 1/3 的电量；

B 相保险熔断将少计 1/2 电量；C 相保险熔断将少计 2/3 电量。假如是 CBA 逆相序，少计的电量刚好与上述相反，即 A 相电压互感器保险熔断时，将少 2/3 电量；B 相保险熔断将少计 1/2 电量；C 相保险熔断将少计 1/3 电量。

调整方法有带电调整和停电调整两种。

（1）带电调整方法。

1）带电调整时，需要将二次接线端子盒内的 A、C 相电流线短接压板进行短接；将二次接线端子盒内 A、B、C 三相电压线的电压压板开路。带电调整的好处是不让用户停电，弊端是存在一定的危险性，再者在带电调整期间将漏计这段时间内用户的用电量，即电能表在带电调整期间失去计量功能。

2）将二次接线端子盒内第一元件的电压线与二次接线端子盒内第二元件的电压线相互调换一下，即将 U_1 电压线抽出，接至电能表第二元件的电压端子⑧上；将电能表第二元件的电压线抽出，接至电能表第一元件的电压端子②上（见图 3 - 16）。

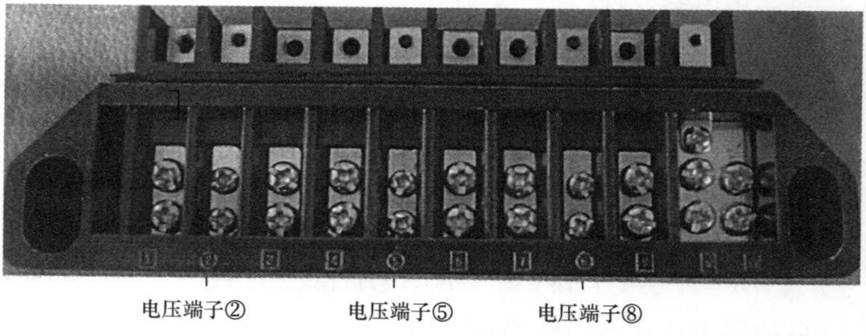

图 3 - 16　三相三线制电能表接线端子示意图

3）将第一元件的进线电流线抽出，接至第二元件的电流进线端子处；将第二元件的进线电流线抽出，接至第一元件的电流进线端子处；亦即将第一元件与第二元件的进线电流线互换一下即可。

（2）停电调整方法。与带电调整方法相比，停电调整方法简单了一些，只是省去了接线端子盒内电压连接片的开路及电流连接片的短接。停电调整的优点是减少了用检人员的工作难度，提高了工作安全性；缺点是客户必须停电配合，间断了用户的用电连续性。

调整后的向量图如图 3-17 所示。

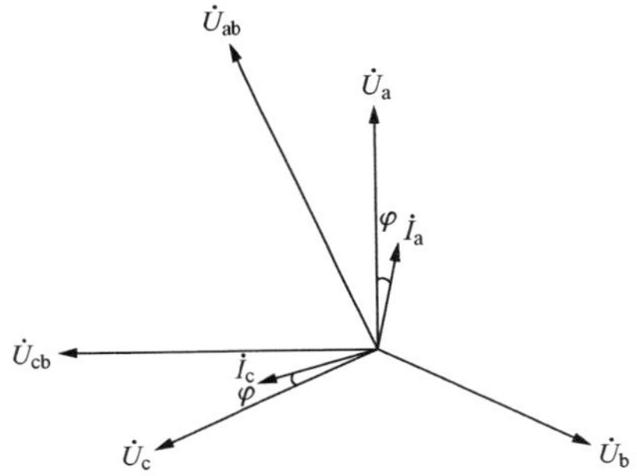

图 3-17　调整后的向量图

调整后所测得相位角数据：$\widehat{\dot{U}_{12}\dot{I}_1}$ 为 39°，$\widehat{\dot{U}_{32}\dot{I}_1}$ 为 99°，$\widehat{\dot{U}_{12}\dot{I}_3}$ 为 279°，$\widehat{\dot{U}_{32}\dot{I}_3}$ 为 339°。

第四章

电能表错误接线快速判断方法

在电力系统中，电能的生产、传输、分配、使用都离不开电能计量，在各变电站和终端用户都装有电能计量装置，根据不同的接线方式，计量装置可分为三相三线电能表和三相四线电能表，用电大户以三相三线表居多。计量装置的准确性关系到供电部门和用户的切身利益，在正常情况下，只要安装时接线正确，其正确性是可以得到保证的。但在安装过程中如果出现接线错误而电能表没有相应的提示功能，错误就有可能被掩盖，在使用过程中电能就会少计量或者不计量。错误的接线方式中最常见的是电流线反接和电压线错位，一般来说，电流线的反接可以通过电流的正反向符号来判别，电压线错位通过电压逆相序报警的方式来判别，没有报警功能的只有通过测量电压的相位角来判断。

第一节　电能表错误接线分析判断步骤及实例分析

进行电能计量现场安装工作时稍有不慎，将会造成错误接线，使计量失准。常见的错误接线有电流回路极性接反、电流相位连接错误；电压二次回路接线错误；电压互感器二次（包括一次）熔丝熔断及极性接反、电流互感器二次开路等，都会造成电能表正转失准、停转、反转或转向不定。为了便于分析，着重分析有功电能表的错误接线，因为有功电能表接线问题解决了，再更正无功电能表错误接线并不困难。在进行计量装置接线判断时，要遵循一定的步骤和方法。这里介绍三相三线制

（即高供高计）计量装置错误接线的分析判断步骤及实例分析。

一、电能表的接线方式分类

1. 电能表电压端子的接线方式分类

高电压系统的电能表大多数为三相三线制电能表，其电压接线端子有三个，电流接线端子有四个。

在电压互感器无断线，极性无反接，互感器二次接地点（b 相）确定的情况下，根据电压互感器的接线方式，可能的电压接线如下：

（1）Vv 接：正序为 A-B-C，负序为 C-B-A。

（2）Yy 接：正序有 A-B-C、B-C-A、C-A-B，负序有 A-C-B、B-A-C、C-B-A。

2. 电能表电流端子的接线方式分类

在电流互感器为分相接法（两相四线），无断线，极性无反接，二次侧接地点确定的情况下，接入电能表的电流可能有 $\dot{I}_a$、$-\dot{I}_a$；$\dot{I}_b$、$-\dot{I}_b$；$\dot{I}_c$、$-\dot{I}_c$。

三相三线制有功电能表接线的基本组合有 48 种，但只有一种是正确的接线：电能表第一功率元件接入的电压为 a、b 相线电压 $\dot{U}_{ab}$，接入的电流为 a 相电流 $\dot{I}_a$；电能表第二功率元件接入的电压为 c、b 相线电压 $\dot{U}_{cb}$，接入的电流为 c 相电流 $\dot{I}_c$。

二、电能表接线方式正确与否的检查方法

1. 力矩法

这种方法是将电能表原有的接线改动后，观察电能表圆盘转速或转向的变化，以判断接线是否正确，是一种常用的检查方法。

（1）b 相电压断开法。b 相电压断开法的原理：三相三线有功表在接线正确和三相电压、电流完全对称且功率稳定的情况下，断开 b 相电压，电能表的转速比断开前慢一半，错接线时的转速变化与此不同。

由电能表接线图和相量图可得 b 相电压断开后的电能表测

量功率

$$P=\frac{1}{2}U_{ab}I_a\cos(30°+\varphi)+\frac{1}{2}U_{cb}I_c\cos(30°-\varphi)$$
$$=\frac{\sqrt{3}}{2}UI\cos\varphi$$

b 相电压断开法的适用范围：负荷稳定且三相负载对称的三相三线电能计量装置。

（2）电压交叉法。电压交叉法的原理：在三相电压、电流都对称的情况下，将电能表的电压线 a、c 位置交换后，即电能表第一功率元件由接入的电压$\dot{U}_{ab}$、电流 $\dot{I}_a$变为电压$\dot{U}_{cb}$、电流 $\dot{I}_a$；电能表第二功率元件由接入的$\dot{U}_{cb}$、$\dot{I}_c$变为$\dot{U}_{ab}$、$\dot{I}_c$，此时，若电能表不转动或微微转动，就能肯定电能表的接线是正确的。

因为电能表两元件电压对换后其测量功率为

$$P=U_{cb}I_a\cos(90°+\varphi_a)+U_{ab}I_c\cos(90°-\varphi_c)$$
$$=UI\cos(90°+\varphi)+UI\cos(90°-\varphi)=0$$

电压交叉法的适用范围：负荷稳定且三相对称的三相三线电能计量装置。

用力矩法可以判断电能表的接线是否正确，但很难确定是哪一种错误接线。

在没有伏安相位表或无条件做相量分析的情况下，如果三相电路对称且负载平衡，而且已知电压相序、b 相电压接线正确（即中线电压与两相电流不同相）及负荷性质（感性和容性），可采用力矩法判断电能表的接线是否正确。

2. 伏安相位表法

（1）相位表的使用方法。

1）将相位表的红笔和黑笔连线的另一端分别插入相位表上标有“正极”、“负极”的插孔内。

2）将相位表电流卡钳连线的另一端插入相位表上标有“I”的插孔内。

3）测量电压：选择电压挡“U”，将红、黑表笔与测量点接触，窗口显示电压值。

4）测量电流：选择电流挡“I”，将电流卡钳卡住需测电流的导线，窗口显示电流值。

5）测量电压与电流之间的相位差角：选择相位角挡“φ”，将电流卡钳卡住电流进线（应注意电流卡钳的极性一定要正确），再将红笔和黑笔分别接触到需测电压的 a、b 两个端子上。窗口显示值是$\dot{U}_{ab}$与$\dot{I}_{a}$之间的夹角。

（2）检查方法和步骤。

1）测量电压：测量电能表电压端子的电压U_{12}、U_{32}、U_{31}并记录（将电能表的电压端子依次记为 1、2、3）。

若三个电压值基本相等（约 100V），则为正常，若数值相差较大，则说明电压回路存在问题，应进一步找出问题所在。

2）检查接地，确定接地点。将黑笔接地，用红笔依次分别接触 1、2、3 的电压接线端子上。当显示值为“0”时，即可确定此相为电能表实际接线中的 b 相。

3）测量电流：测量电能表的电流I_1、I_3并记录（I_1为流入电能表第一个功率元件的电流，I_3为流入电能表第二个功率元件的电流）。

若两个电流基本相等，则为正常，若数值相差较大，或其一为“0”，则说明电流回路存在问题。

4）测量电压与电流之间的相位差角。

a. 将相位表选择至“φ”挡。

b. 先将相位表的电流卡钳卡住电能表的第一功率元件$\dot{I}_1$电流进线（应注意电流卡钳的极性一定要正确），再将相位表的红笔和黑笔分别接触到电能表的电压端子 1、2 上。此时的显示值是$\dot{U}_{12}$和$\dot{I}_1$之间的夹角，并作记录。

然后将红笔接触到电压端子 3 上，黑笔仍在 2 上，此时的显示值是$\dot{U}_{32}$和$\dot{I}_1$之间的夹角，并作记录。

c. 将相位表的电流卡钳卡住电能表第二功率元件的$\dot{I}_3$电流

进线，将相位表的红笔和黑笔分别接触到电能表的电压端子 1、2 上，此时的显示值是$\dot{U}_{12}$和 $\dot{I}_3$间的夹角，并作记录。

将红笔接触到电压端子 3 上，黑笔仍在 2 上，此时的显示值是$\dot{U}_{32}$和 $\dot{I}_3$之间的夹角，并作记录。

5）确定相序。若$\widehat{\dot{U}_{32}\dot{I}_1}-\widehat{\dot{U}_{12}\dot{I}_1}>0$，则为正相序；若$\widehat{\dot{U}_{32}\dot{I}_1}-\widehat{\dot{U}_{12}\dot{I}_1}<0$，则为负相序。

6）确定电能表电压端子接入的实际电压。

a. 根据已确定的电压接地点，明确 b 相电压的位置。

b. 根据已确定的电压相序，明确 a 相和 c 相电压的位置。

c. 确定电能表两个功率元件接入的实际电压。

7）画出相量图。

a. 画出相电压$\dot{U}_1$、$\dot{U}_2$、$\dot{U}_3$的向量关系图。

注意：$\dot{U}_1$画在 90°的位置。

b. 画出线电压$\dot{U}_{12}$。

c. 由$\dot{U}_{12}$根据$\widehat{\dot{U}_{12}\dot{I}_1}$的夹角关系，画出 $\dot{I}_1$（从$\dot{U}_{12}$顺时针旋转两者的夹角值即为 $\dot{I}_1$的位置）。

d. 由 $\dot{I}_1$根据$\widehat{\dot{U}_{32}\dot{I}_1}$的夹角值关系，画出$\dot{U}_{32}$（从 $\dot{I}_1$逆时针旋转两者的夹角值即为$\dot{U}_{32}$的位置）。

e. 由$\dot{U}_{32}$根据$\widehat{\dot{U}_{32}\dot{I}_3}$的夹角值关系，画出 $\dot{I}_2$（从$\dot{U}_{32}$顺时针旋转两者的夹角值即为 $\dot{I}_3$的位置）。

3. 应用向量图进行接线分析方法

（1）基本原理。在三相电路中，当三相电压对称时，则线电压组成一个六角图，如图 4 - 1 所示。

如果负载性质一定，则电流在六角图中的位置是固定的。在检查电能表接线时，只要能找到接入电能表的各电流相量在六角图中的位置，就可以判断接线是否正确以及错接线类型。

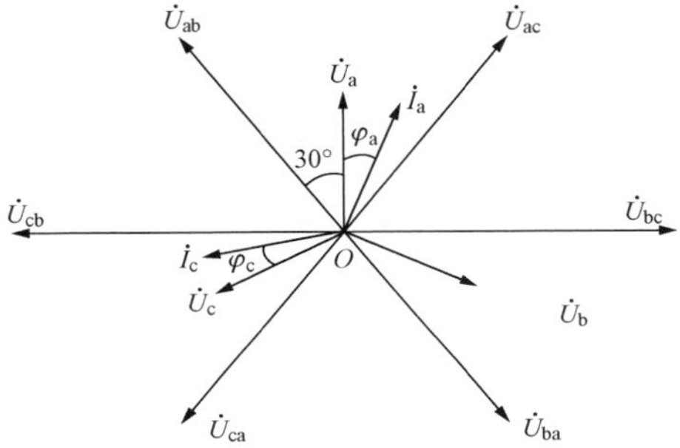

图 4 - 1　电压六角图

这是分析电能表接线常用的方法，电能表正确接线时的向量图如图 4 - 2 所示。

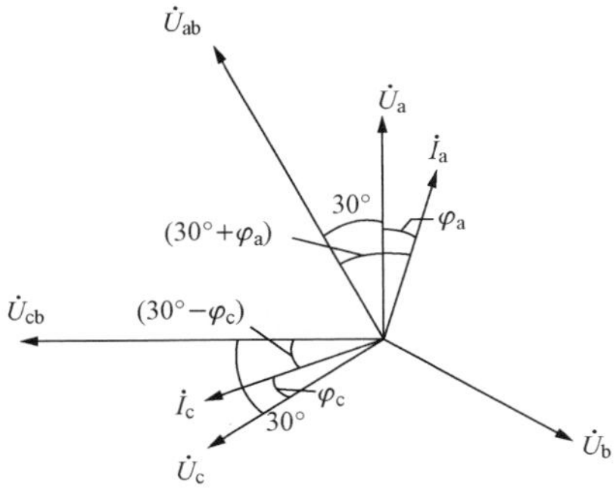

图 4 - 2　电能表正确接线向量关系

（2）接线分析。

1）电流进出线接反。可分为：一个元件的电流进出线接反，两个元件的电流进出线都接反。

2）电流相位接错：电能表第一功率元件的电流接入 I_c，电能表第二功率元件电流接入 I_a。

3）电压相位接错，即电能表 1、2、3 的电压端子分别依次接入电压 U_b、U_c、U_a 或 U_c、U_a、U_b。

三、电能计量装置错误接线的分析判断步骤

1. 判断相序

根据所测相位角度判断确定是正相序还是负（逆）相序。

（1）正相序的判断。$\widehat{\dot{U}_{32}\dot{U}_{12}}$为 60°时，即$\widehat{\dot{U}_{32}\dot{I}_{\mathrm{I}}}-\widehat{\dot{U}_{12}\dot{I}_{\mathrm{I}}}>0$ 时为正相序。

（2）$\widehat{\dot{U}_{32}\dot{U}_{12}}$夹角为－60°，即$\widehat{\dot{U}_{32}\dot{I}_{\mathrm{I}}}-\widehat{\dot{U}_{12}\dot{I}_{\mathrm{I}}}<0$ 时为逆（负）相序。若为－30°，则说明电压互感器一次或二次极性接反，并且其中必有一个线电压也不正常，应为正常二次电压 100V 的$\sqrt{3}$倍，即为 173V。

2. 确定 b 相电压位置

可根据所测相电压值，先确定出 b 相电压位置，因为 Vv 接线的电压互感器二次侧 b 相电压端子是接地的，所以 b 相对地的电压应该是零。只要 b 相确定后，其他相的相应位置就会确定出来。

3. 作向量图

根据所测得的线电压与相电流的夹角画出向量图，在用户三相负荷基本平衡时，作出的向量图应符合下列情况：

（1）三相电压和三相电流的向量长度均应基本相等，夹角互为 120°，且要标明是正相序还是负相序。

（2）根据向量图上同相电压、电流夹角计算 $\cos\varphi$ 值，应与实际负荷功率因数基本相符。

（3）实际负荷为感性时，电流向量应滞后同名相电压 90°范围内，若实际负荷为容性时，电流向量应在超前同名相电压一个相应角度内。

（4）最后将错误的电压相序调整为正确的电压相序，即 ABC 相序。

四、实例分析

【例 4-1】 某一高压用户，采用三相三线电能表计量，现场测量电能表尾，具体测得数据如表 4-1 所示，画出其向量关

系，列出电能表所计的功率表达式。

表 4-1　　　　　各线电压与各相电流相位角关系

电流（A）		电压（V）				角度（°）			
I_1	4	U_{12}	100	U_{10}	100	$\widehat{\dot{U}_{12}\dot{I}_1}$	60	$\widehat{\dot{U}_{12}\dot{I}_3}$	120
		U_{32}	100	U_{20}	0	$\widehat{\dot{U}_{32}\dot{I}_1}$	120	$\widehat{\dot{U}_{32}\dot{I}_3}$	180
I_3	4	U_{31}	100	U_{30}	100				

解　（1）确定电压相序。因为$\widehat{\dot{U}_{32}\dot{I}_I}-\widehat{\dot{U}_{12}\dot{I}_I}=60°>0$，所以电压为正相序，进而画出三相电压正相序的向量图，三相电压的正相序以$\dot{U}_1$、$\dot{U}_2$、$\dot{U}_3$来表示，如图 4-3 所示。

（2）找 B 相的具体位置，进而来确定正相序的相位顺序。因为$U_{20}=0$V，所以U_{20}为 B 相，即中间相应为 B 相电压。那么U_{10}为 A 相，U_{30}为 C 相，故可确定为 ABC 正相序。画出三相电压的相电压与线电压的向量图，如图 4-4 所示。

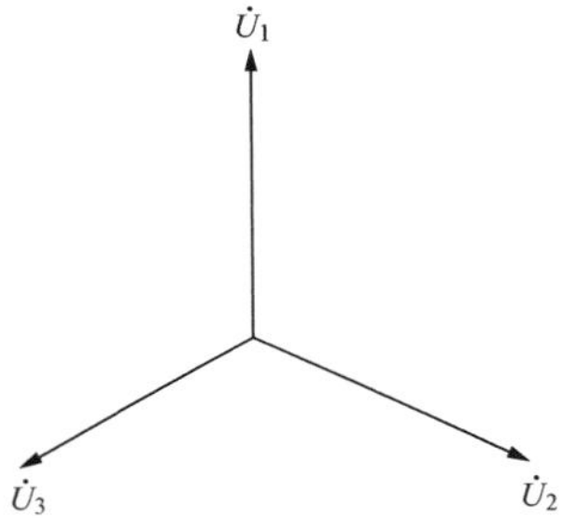

图 4-3　三相电压正相序向量关系

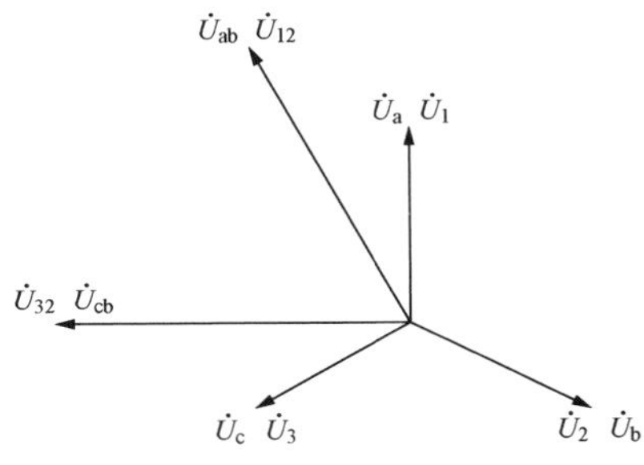

图 4-4　相电压与线电压向量关系

参照相电压的向量图，画出线电压$\dot{U}_{12}$、$\dot{U}_{32}$在向量图中的具体位置，进而可知$\dot{U}_{12}$即为$\dot{U}_{ab}$，$\dot{U}_{32}$即为$\dot{U}_{cb}$。

（3）找出电能表两元件的相电流 $\dot{I}_1$及 $\dot{I}_3$在向量图中的位置。根据表 4 - 1 的数据，$\widehat{\dot{U}_{12}\dot{I}_1}$夹角为 60°，故以$\dot{U}_{12}$为基准线，顺时针旋转 60°即为 $\dot{I}_1$的向量位置；$\widehat{\dot{U}_{32}\dot{I}_1}$夹角为 120°，故以$\dot{U}_{32}$为基准线，顺时针旋转 120°即为 $\dot{I}_1$的向量位置；前后 $\dot{I}_1$的方向位置正好重合，即可确定 $\dot{I}_1$的位置。同理，可确定 $\dot{I}_3$的方向位置（$\widehat{\dot{U}_{12}\dot{I}_3}$夹角为 120°，故以$\dot{U}_{12}$为基准线，顺时针旋转 120°即为 $\dot{I}_3$的向量位置，$\widehat{\dot{U}_{32}\dot{I}_3}$夹角为 180°，故以$\dot{U}_{32}$为基准线，顺时针旋转 180°即为 $\dot{I}_3$的向量位置，前后 $\dot{I}_3$的方向位置正好重合，即可确定住 $\dot{I}_3$的位置）。

画出 $\dot{I}_1$及 $\dot{I}_3$在向量图中的位置，如图 4 - 5 所示。

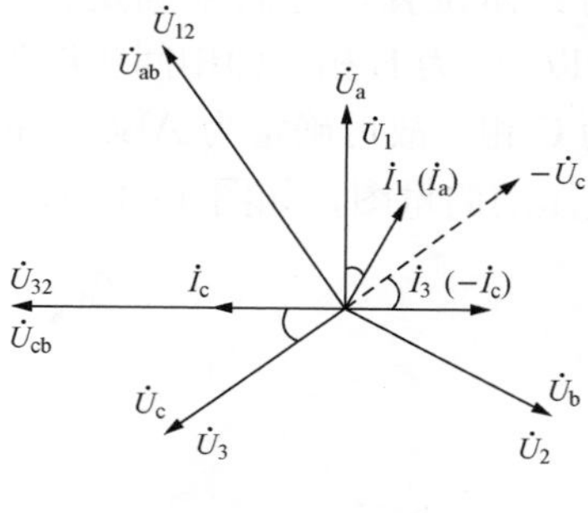

图 4 - 5 电压与电流相位关系

由图 4 - 5 可知，$\dot{I}_1$即为 $\dot{I}_a$，$\dot{I}_3$即为$-\dot{I}_c$。

从以上分析可见，电能表计的第一元件功率实际接入电压、电流为$\dot{U}_{ab}$、$\dot{I}_a$，电能表计的第二功率元件实际接入的电压、电流为$\dot{U}_{cb}$、$-\dot{I}_c$。

（4）列出电能表所计功率的表达式。参照图 4 - 5 列出其电能表功率表达式

$$P_1'=U_{ab}I_a\cos(30°+\varphi_a)$$
$$P_2'=U_{cb}(-I_c)\cos(150°+\varphi_c)$$

当三相负载对称时，电能表实际所计量的总功率表达式为

$$P'=P_1'+P_2'=UI[\cos(30°+\varphi)+\cos(150°+\varphi)]$$

（5）根据正确接线时的功率表达式，计算出更正系数，从而进行电量的退补。

特别指出，电能表所计第二功率元件功率表达式中（$-\dot{I}_c$）只表明电流的反方向与电压的相位角关系，是个物理量，计算时 $\dot{I}_c$ 前面的负号不列入计算。

【例 4 - 2】 某高压用户采用三相三线制电能表计量，现场测量电能表尾，具体参数如表 4 - 2 所示，画出其向量关系，列出电能表所计的功率表达式。

表 4 - 2　　三相三线电能表测得数据

电流（A）		电压（V）				角度（°）			
I_1	4	U_{12}	100	U_{10}	0	$\widehat{\dot{U}_{12}\dot{I}_1}$	120	$\widehat{\dot{U}_{12}\dot{I}_3}$	50
		U_{32}	100	U_{20}	100	$\widehat{\dot{U}_{32}\dot{I}_1}$	60	$\widehat{\dot{U}_{32}\dot{I}_3}$	350
I_3	4	U_{31}	100	U_{30}	100				

解　（1）确定电压的正负相序。因为 $\widehat{\dot{U}_{32}\dot{I}_I}-\widehat{\dot{U}_{12}\dot{I}_I}=60°-120°=-60°<0$，所以电压为负相序，因不知道是什么样的负相序，所以以 $\dot{U}_1$、$\dot{U}_2$、$\dot{U}_3$ 来表示电压的负相序，画出相电压的负相序向量图，如图 4 - 6 所示。

（2）找B相的具体位置，进而来确定正相序的相位顺序。因为$U_{10}=0V$，所以U_{10}即为U_{b0}，负相序有三种形式，即为ACB、CBA、BAC，因B相已确定，故即可确定该电压的负相序为BAC相序。进而则知，U_{20}为A相，U_{30}为C相。画出BAC负相序的向量，如图4-7所示。

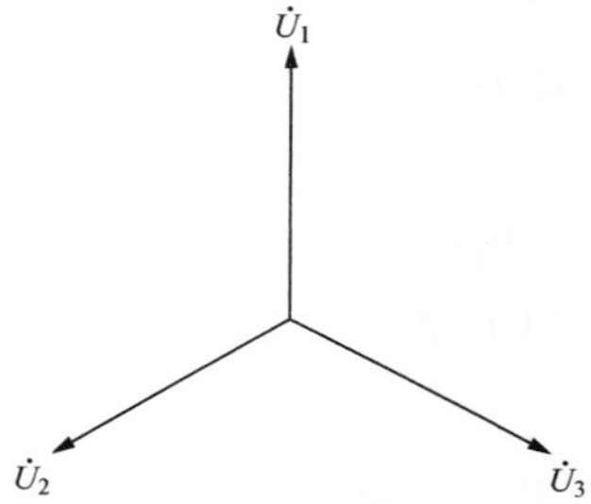

图4-6　三相电压负相序电压向量关系

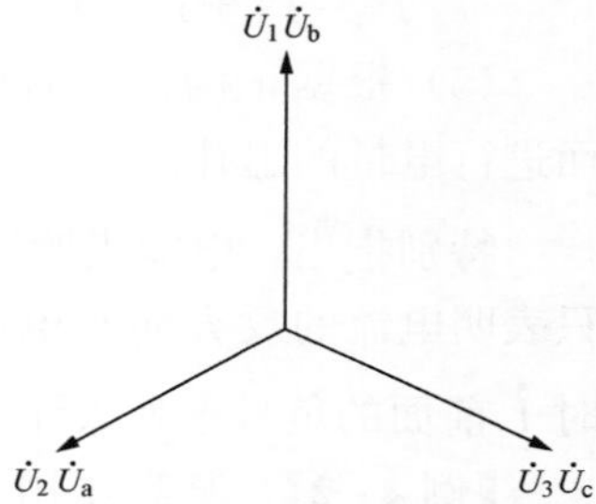

图4-7　负相序电压向量

（3）找出电能表两元件的相电流$\dot{I}_1$及$\dot{I}_3$在向量图中的位置。参照相电压的向量图，画出$\dot{U}_{12}$、$\dot{U}_{32}$在向量图中的位置，如图4-8所示。由图4-7可知，$\dot{U}_{12}$即为$\dot{U}_{ba}$，$\dot{U}_{32}$即为$\dot{U}_{ca}$。

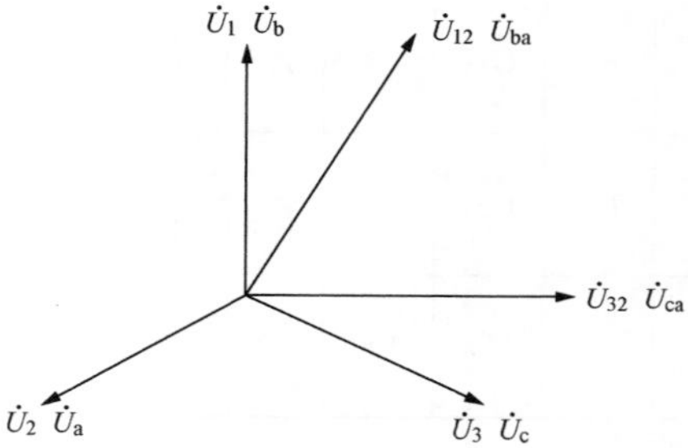

图4-8　负相序线电压合成向量

根据所测的$\dot{I}_1$、$\dot{I}_3$与$\dot{U}_{12}$、$\dot{U}_{32}$的相位角关系，即可确定出$\dot{I}_1$及$\dot{I}_3$在向量图中的位置，如图4-9所示。

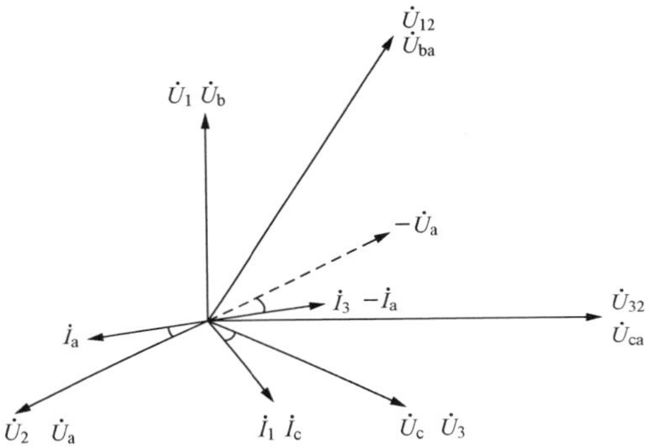

图 4-9　线电压与相电流向量关系

确定 $\dot{I}_1$ 的位置：$\widehat{\dot{U}_{12}\dot{I}_1}$ 夹角为 120°，故以 $\dot{U}_{12}$ 为基准线，顺时针旋转 120°即为 $\dot{I}_1$ 的位置。

确定 $\dot{I}_3$ 的位置：$\widehat{\dot{U}_{12}\dot{I}_3}$ 夹角为 50°，故以 $\dot{U}_{12}$ 为基准线，顺时针旋转 50°即为 $\dot{I}_3$ 的位置。

由图 4-9 可知，$\dot{I}_1$ 即为 $\dot{I}_c$，$\dot{I}_3$ 即为 $-\dot{I}_a$。

从以上分析可知，电能表计的第一元件实际接入的电压、电流为 $\dot{U}_{ba}$、$\dot{I}_c$；电能表计的第二元件实际接入的电压、电流为 $\dot{U}_{ca}$、$-\dot{I}_a$。

（4）列出电能表所计功率的表达式。

电能表两个功率元件所接入的电压、电流确定后，就可以列出两个功率元件的功率表达式

$$P_1' = U_{ba} \times I_c \cos(90° + \varphi_c)$$

$$P_2' = U_{ca} \times (-I_a) \cos(30° - \varphi_a)$$

当三相负载对称时，电能表实际所计量的总功率表达式为

$$P' = P_1 + P_2 = UI[\cos(90° + \varphi) + \cos(30° - \varphi)]$$

（5）根据正确接线时的功率表达式，计算出更正系数，进行电量的退补。

【例 4-3】 某高压用户采用三相三线电能表计量，现场测量电能表尾，具体参数如表 4-3 所示，请分析其电能计量装置的错误接线方式。

表 4-3　　　　　　　　三相三线电能表测得数据

电流（A）		电压（V）				角度（°）			
I_1	1.5	U_{12}	98	U_{10}	98	$\widehat{\dot{U}_{12}\dot{I}_1}$	168	$\widehat{\dot{U}_{12}\dot{I}_3}$	228
		U_{32}	97	U_{20}	97	$\widehat{\dot{U}_{32}\dot{I}_1}$	228	$\widehat{\dot{U}_{32}\dot{I}_3}$	288
I_3	1.49	U_{31}	97	U_{30}	0				

解　（1）根据测得数据，确定电压相序。

1）确定相序的正负。因 $\dot{U}_{32}$ 与的 $\dot{U}_{12}$ 夹角为 60°，即 $\widehat{\dot{U}_{32}\dot{I}_1}-\widehat{\dot{U}_{12}\dot{I}_1}=228°-168°=60°>0$，所以电压相序可确定为正相序。据此画出电压正相序的向量图，如图 4-10 所示。

2）确定 B 相电压的位置。因 $U_{30}=0$，所以 B 相在第三位置，故可以确定相序为 CAB，如图 4-11 所示。

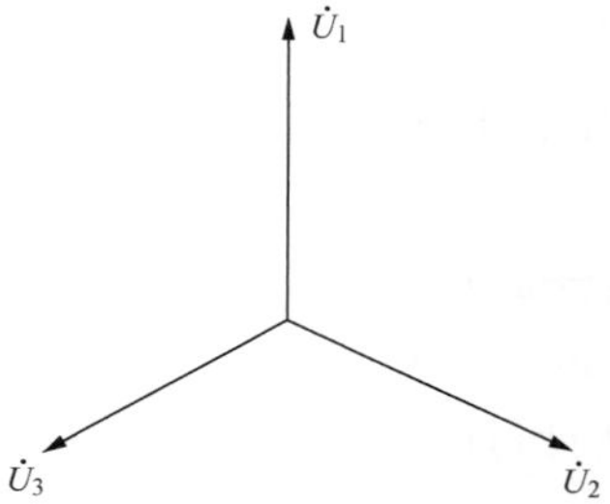

图 4-10　三相电压正相序电压向量关系

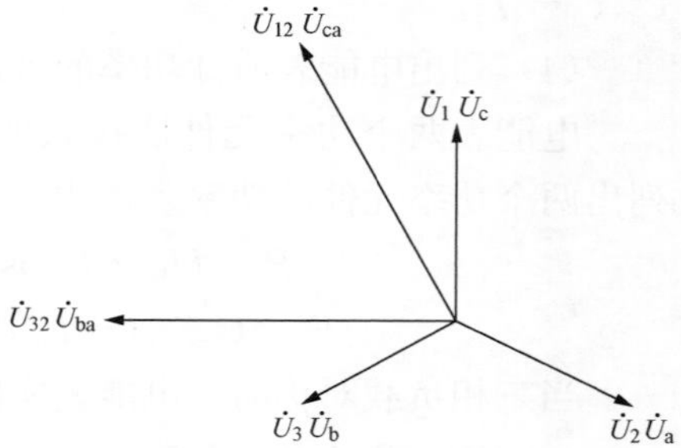

图 4-11　正相序线电压合成向量

（2）确定电能表两个功率元件的电流在向量图的具体位置。确定 $\dot{I}_1$ 的位置：$\widehat{\dot{U}_{12}\dot{I}_1}$ 夹角为 168°，故以 $\dot{U}_{12}$ 为基准线，顺时针旋转 168°即为 $\dot{I}_1$ 的位置。同理，$\widehat{\dot{U}_{12}\dot{I}_3}$ 夹角为 228°，故以 $\dot{U}_{12}$ 为基准线，顺时针旋转 228°即为 $\dot{I}_3$ 的位置，即根据相电压、电流的随相关系，可判断 $\dot{I}_1$ 即为 $\dot{I}_a$，$\dot{I}_3$ 即为 $-\dot{I}_c$，如图 4-12 所示。

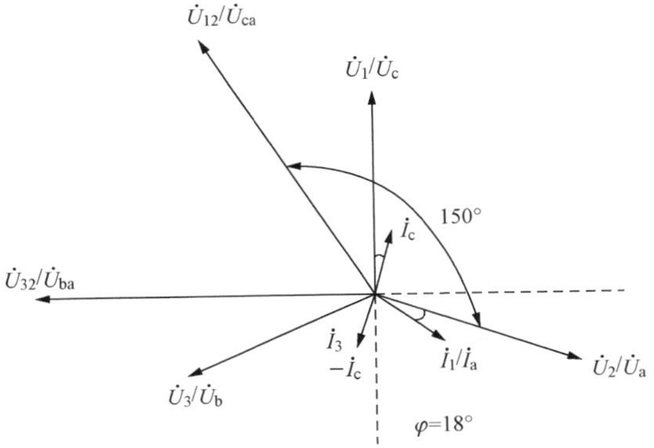

图 4-12　$\dot{I}_a$ 及 $\dot{I}_c$ 在向量图中具体位置

（3）列出电能表所计功率表达式。从图 4-12 中可以看出，电能表第一功率元件电压、电流为 $\dot{U}_{ca}$、$\dot{I}_a$，其夹角为 $150°+\varphi_a$；电能表第二功率元件电压、电流为 $\dot{U}_{ba}$、$-\dot{I}_c$，其夹角为 $270°+\varphi_c$。

两个元件的功率表达式为

$$P_1'=U_{ca}I_a\cos(150°+\varphi_a)=-U_{ca}I_a\cos(30°-\varphi_a)$$

$$P_2'=U_{ba}(-I_c)\cos(270°+\varphi_c)=U_{ba}I_c\sin\varphi_c$$

三相系统电压对称、负载平衡时，总功率为

$$\begin{aligned}P'=P_1'+P_2'&=-UI\cos(30°-\varphi)+UI\sin\varphi\\&=UI\left(-\frac{\sqrt{3}}{2}\times\cos\varphi-\frac{1}{2}\sin\varphi+\sin\varphi\right)\\&=-UI\cos(30°+\varphi)\end{aligned}$$

(4) 根据正确接线时的功率表达式，计算出更正系数，进行电量的退补。

由上述分析可知：

1) 电能表电压线接线混乱，CAB 相序应调整为 ABC 相序，电能表尾端电压线调整方法：首先将电能表尾端的三个电压接线，从左至右按顺序分别贴上②、⑤、⑧的电压线标签。将电能表尾端电压端子②的电压接线抽出，改接至电能表尾端电压端子⑧上；将电能表尾端电压端子⑤电压接线抽出，改接至电能表尾端电压端子②上；将电能表尾端电压端子⑧电压接线抽出，改接至电能表尾端电压端子⑤上。

2) C 相电流线进出接反；进出线互调即可。

3) 感性负载，相电压超前相电流 18°。

第二节　三相三线电能表错误接线常用的分析方法

一、先确定电压后确定电流

对测量结果分析，首先确定电能表电压端子实际接入的电压；再画出向量图，根据负荷的性质并与正确接线的向量图比较，确定电能表电流端子实际接入的电流，从而分析出接线形式。具体步骤如下：

1. 分析并确定电压相序

根据测量得的电压、电流值及其相位关系，画出电压向量图，从而确定电压的相序及 b 相电压所处的位置。

2. 确定两个功率元件的电流在向量图中的位置

根据电压、电流相位关系，分析并确定电能表两个功率元件所接入的实际电流，从而确定电流在向量图中实际位置。

3. 综合分析，确定电能表的错误接线方式

【例 4 - 4】 某一高压用户，采用三相三线制电能表计量，现场测量电能表尾，具体参数如表 4 - 4 所示，试分析电能表接

线情况。

表 4-4　　电压、电流及其相位角现场测量数据

电流（A）		电压（V）				角度（°）	
I_1	4.8	U_{12}	100	U_{10}	100	$\widehat{\dot{U}_{12}\dot{I}_1}$	300
		U_{32}	100	U_{20}	0	$\widehat{\dot{U}_{32}\dot{I}_1}$	360
I_3	4.8	U_{31}	100	U_{30}	100	$\widehat{\dot{U}_{12}\dot{I}_3}$	60
						$\widehat{\dot{U}_{32}\dot{I}_3}$	120

解　（1）分析并确定电压相序。

1）因为 $U_{12}=100V$、$U_{32}=100V$、$U_{31}=100V$，可以断定电能表三相电压正常。

2）确定 b 相位置。$U_{20}=0V$，即可断定电能表尾电压端子②所接的电压为电能表的实际 b 相电压。

3）确定相序。$\widehat{\dot{U}_{12}\dot{I}_1}$ 相位角等于 300°，$\widehat{\dot{U}_{32}\dot{I}_1}$ 的夹角等于 360°。两个角度满足差值等于 60°的条件，所以电压为正相序。

4）确定电能表电压端子所接的电压。

由此可知，接入电能表的电压相序为 abc 相序，接入电能表第一功率元件上的电压为 $\dot{U}_{ab}$，接入电能表第二功率元件上的电压为 $\dot{U}_{cb}$，亦即 $\dot{U}_{12}=\dot{U}_{ab}$、$\dot{U}_{32}=\dot{U}_{cb}$。

5）画出电压向量图，如图 4-13 所示。

（2）分析并确定电能表两个功率元件所接入的实际电流。

1）确定 $\dot{I}_1$ 在向量图中的位置。因 $\widehat{\dot{U}_{12}\dot{I}_1}$ 夹角等于 300°，以

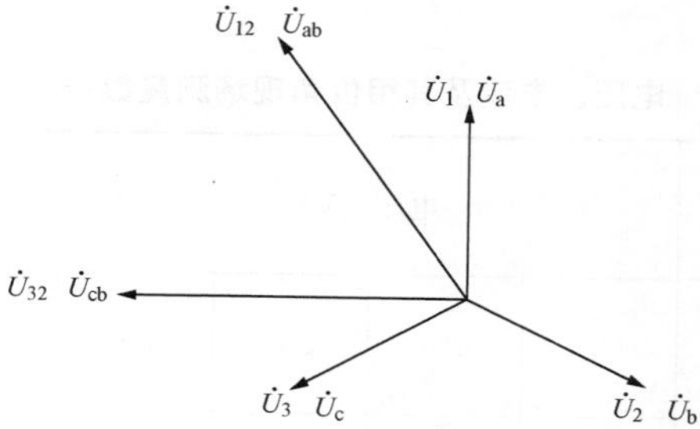

图 4 - 13　电压向量关系

$\dot{U}_{12}$为基准线，顺时针旋转 300°即为 $\dot{I}_1$的位置。

2）确定 $\dot{I}_3$在向量图中的位置。因 $\widehat{\dot{U}_{12}\dot{I}_3}$ 夹角等于 60°，以 $\dot{U}_{12}$为基准线，顺时针旋转 60°即为 $\dot{I}_3$的位置。

电流电压向量关系如图 4 - 14 所示。

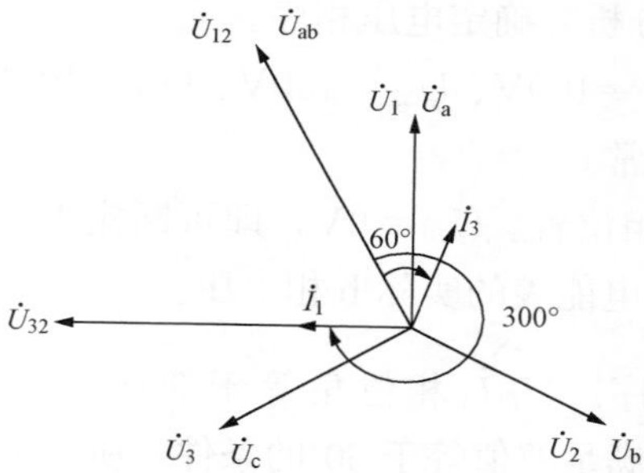

图 4 - 14　电压电流向量关系

（3）结论。从以上分析可以看出，电能表第一功率元件接入的电流是 $\dot{I}_c$，电能表第二功率元件接入的电流是 $\dot{I}_a$。

计量装置电能表的错接线形式为：电能表第一功率元件接入的电压、电流为$\dot{U}_{ab}$、$\dot{I}_c$，电能表第二功率元件接入的电压、电流为$\dot{U}_{cb}$、$\dot{I}_a$。

正确接线时的向量图如图 4 - 15 所示。

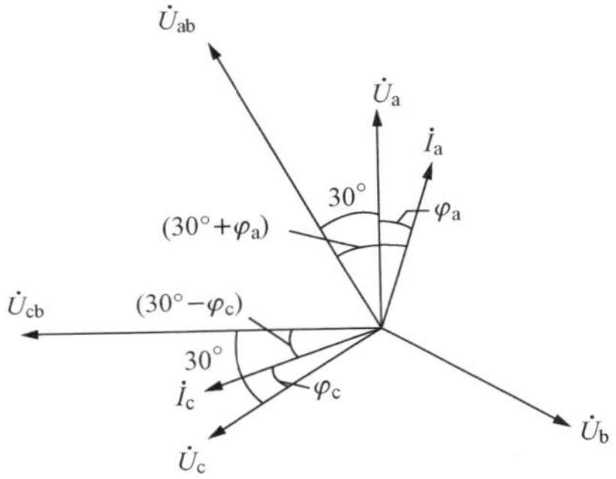

图 4 - 15　正确接线电压电流向量关系

【例 4 - 5】 某高压用户采用三相三线电能表计量，现场测量电能表尾，具体参数如表 4 - 5 所示，试分析电能表接线情况。

表 4 - 5　　　　电压、电流及其相位角现场测量数据

电流（A）		电压（V）				角度（°）	
I_1	3	U_{12}	100	U_{10}	0	$\widehat{\dot{U}_{12}\dot{I}_1}$	300
		U_{32}	100	U_{20}	100	$\widehat{\dot{U}_{32}\dot{I}_1}$	0
I_3	3	U_{31}	100	U_{30}	100	$\widehat{\dot{U}_{12}\dot{I}_3}$	180
						$\widehat{\dot{U}_{32}\dot{I}_3}$	240

解　（1）由 $U_{10}=0$，即可确定电能表尾端第一功率元件的电压接线端子②（见图 4 - 16）接入的是 b 相电压；

确定相序：$\widehat{\dot{U}_{12}\dot{I}_1}$夹角为 300°，$\widehat{\dot{U}_{32}\dot{I}_1}$的夹角为 0°，两个角度

差值为 60°，所以电压为正序。且为 BCA 正相序。

（2）画出向量图，如图 4－16 所示。

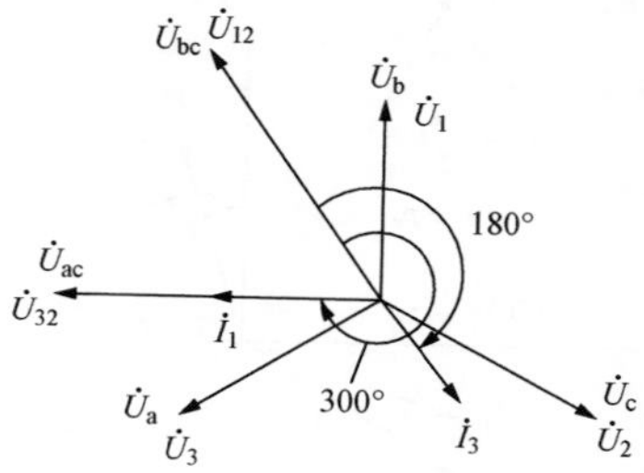

图 4－16 电压电流向量关系

（3）结论。从以上分析可以看出，电能表第一功率元件接入的电压、电流为$\dot{U}_{bc}$、$\dot{I}_a$；电能表第二功率元件接入的电压、电流为$\dot{U}_{ac}$、$\dot{I}_c$。

【例 4－6】 某高压用户采用三相三线电能表计量，现场测量电能表尾，具体参数如表 4－6 所示，试分析电能表接线情况。

表 4－6　　电压、电流及其相位角现场测量数据

电流（A）		电压（V）				角度（°）	
I_1	3	U_{12}	100	U_{10}	100	$\widehat{\dot{U}_{12}\dot{I}_1}$	230
		U_{32}	100	U_{20}	0	$\widehat{\dot{U}_{32}\dot{I}_1}$	290
I_3	3	U_{31}	100	U_{30}	100	$\widehat{\dot{U}_{12}\dot{I}_3}$	290
						$\widehat{\dot{U}_{32}\dot{I}_3}$	350

解 用先确定电压后确定电流的方法来分析。

(1) 判断相序，并画出向量图。$\widehat{\dot{U}_{12}\dot{I}_1}$夹角为 230°，$\widehat{\dot{U}_{32}\dot{I}_1}$的夹角为 290°，两个角度差值为 60°，所以电压为正相序。又因 $U_{20}=0$，所以为 ABC 正相序，电压向量图如图 4 - 17 所示。

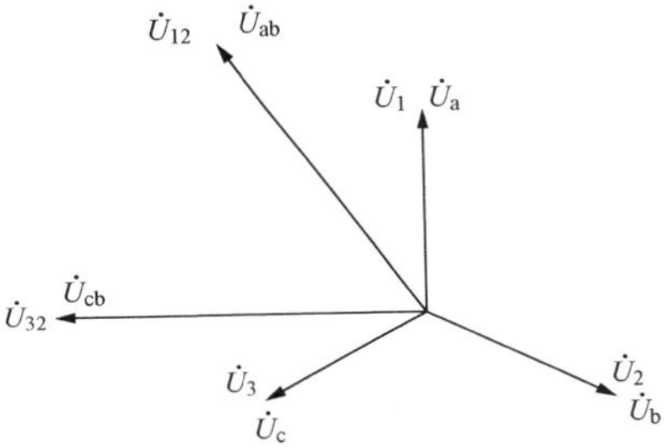

图 4 - 17　电压向量关系

(2) 根据电压和电流夹角关系，画出两个电流在向量图的位置。因$\widehat{\dot{U}_{12}\dot{I}_1}$夹角为 230°，从$\dot{U}_{ab}$位置开始顺时针旋转 230°即为 $\dot{I}_1$的位置；$\widehat{\dot{U}_{32}\dot{I}_3}$的夹角为 350°，从$\dot{U}_{cb}$位置开始顺时针旋转 350°即为 $\dot{I}_3$的位置，向量图如图 4 - 18 所示。

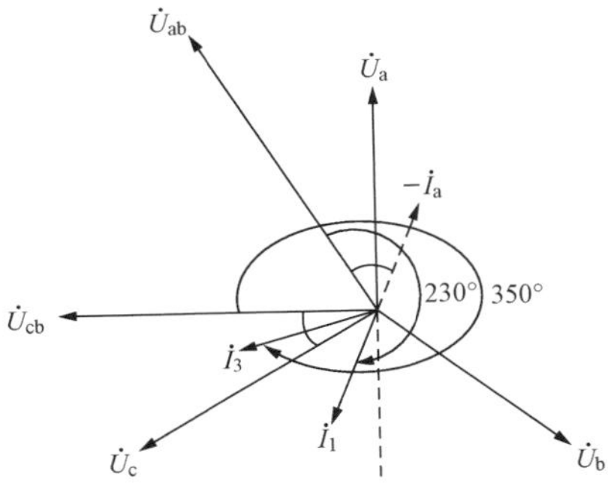

图 4 - 18

从向量图可以看出，电能表第一功率元件接入的电流为 $-\dot{I}_a$，电能表第二功率元件接线正确。

（3）结论。第一功率元件电流进出接反。电能表错接线形式为：电能表第一功率元件所接入的电压、电流为$\dot{U}_{ab}$、$-\dot{I}_a$，电能表第二功率元件所接入的电压、电流为$\dot{U}_{cb}$、$\dot{I}_c$。

二、先确定电流后确定电压

首先分析电流，根据负荷的性质，并与正确接线的向量图比较，确定电能表电流端子实际接入的电流，然后再确定电能表电压端子接入的实际电压，具体方法如下。

（1）先确定是正相序还是负相序，正相序表示为 123 相序，如图 4－19 所示。

负相序表示形式如图 4－20 所示。

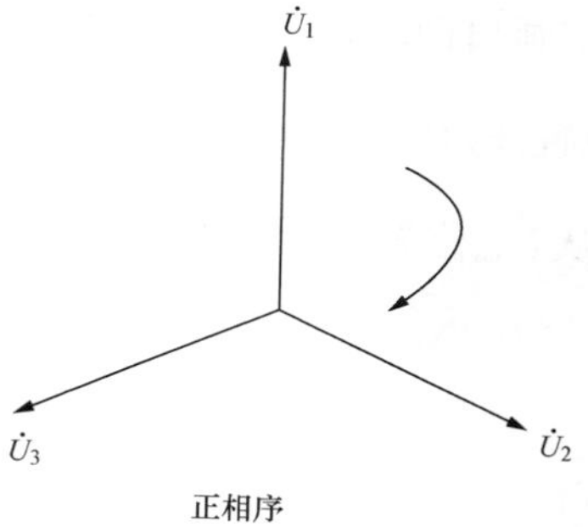

图 4－19　正相序电压向量

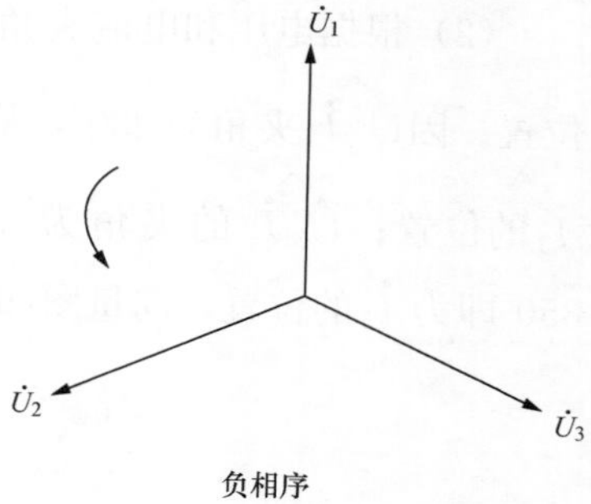

图 4－20　负相序电压向量

（2）根据测得的电压电流相位角关系值，确定电流 I_1 及 I_3 的位置。

1）若 $\widehat{\dot{I}_1\dot{I}_3}\approx 60°$，则必定有一个电流接反，超前就近相电压的电流即为反接（前提是感性电路，其 $\cos\varphi > 0.5$，即 $\varphi < 60°$，以下均同），在向量图上将其沿反方向画出。

2）若 $\widehat{\dot{I}_1\dot{I}_3}\approx 120°$，可能两个电流都接反或全没接反，若两

个电流都超前就近相电压，则可确定两个电流都接反。将两个电流沿其反方向画出。若两个电流都滞后就近相电压，则可确定两个电流都没有接反（感性电路相电压均超前相电流一个角度）。

根据正负相序，确定实际电流。若是正相序，从 a（即 $\dot{I}_a$的位置）逆时针 120°到 c 即 $\dot{I}_c$的位置；若是负相序，从 a（即 $\dot{I}_a$的位置）顺时针旋转 120°即 $\dot{I}_c$的位置；从而确定出了 $\dot{I}_a$和 $\dot{I}_c$的具体位置。

3）确定电压$\dot{U}_a$及$\dot{U}_c$的位置。就近 $\dot{I}_a$的电压相量即为$\dot{U}_a$的位置，就近 $\dot{I}_c$的电压相量即为$\dot{U}_c$的位置。最后的一相即可判断是 B 相了，这样电能表的接线方式就出来了。现举例说明。

【例 4 - 7】 某高压用户采用三相三线电能表计量（用户的负载是感性的），现场测量电能表尾，具体测得的电压电流相位角关系如表 4 - 7 所示，根据测量结果，画出相量图，说明接线方式。

表 4 - 7　　电压、电流及其相位角现场测量数据

夹角	数值	夹角	数值
$\widehat{\dot{U}_{12}\dot{I}_1}$	230°	$\widehat{\dot{U}_{12}\dot{I}_3}$	290°
$\widehat{\dot{U}_{32}\dot{I}_1}$	290°	$\widehat{\dot{U}_{32}\dot{I}_3}$	350°

解　（1）确定相序并画出向量图。$\widehat{\dot{U}_{12}\dot{I}_1}$夹角为 230°，$\widehat{\dot{U}_{32}\dot{I}_1}$的夹角为 290°，两个角度差值为 60°，所以电压为正相序。画出正相序向量图，如图 4 - 21 所示。

（2）分析电流，确定 I_1、I_3 的位置，从而确定出 I_a 及 I_c。由电压、电流相位关系角度

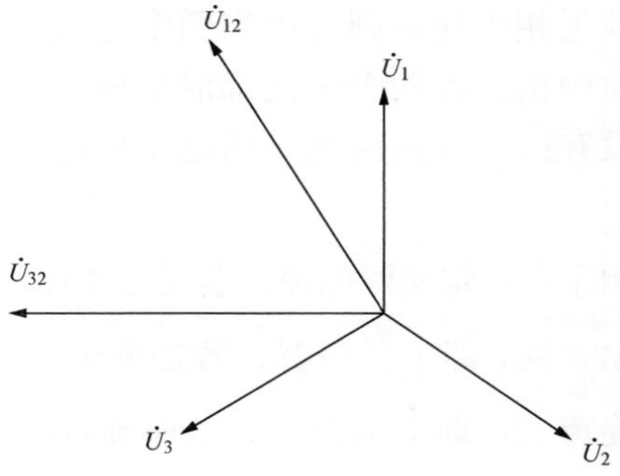

图 4-21　正相序电压向量

$$\widehat{\dot{U}_{12}\dot{I}_1}=230°,\widehat{\dot{U}_{32}\dot{I}_1}=290°$$

$$\widehat{\dot{U}_{12}\dot{I}_3}=290°,\widehat{\dot{U}_{32}\dot{I}_3}=350°$$

即可确定出 $\dot{I}_1$ 和 $\dot{I}_3$ 的位置。具体方法为：在图 4-21 中，以 $\dot{U}_{12}$ 为基准线，顺时针旋转 230°即为 $\dot{I}_1$ 位置；以 $\dot{U}_{12}$ 为基准线，顺时针旋转 290°即为 $\dot{I}_3$ 位置；其向量图如图 4-22 所示。

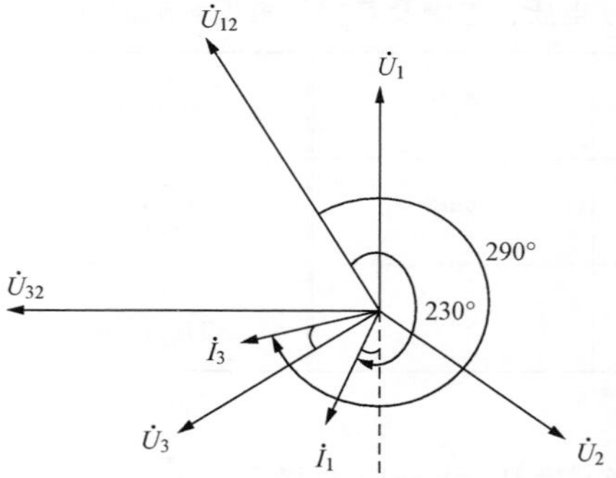

图 4-22　电压、电流向量关系

$\widehat{\dot{I}_1\dot{I}_3}\approx 60°$，则必定有一个电流接反，超前就近相电压的那个电流即为反接（因为感性电路中电流是滞后电压一个 φ 角），

显然 $\dot{I}_1$超前于$\dot{U}_3$，在向量图中将 $\dot{I}_1$沿反方向画出，如图 4－23所示。

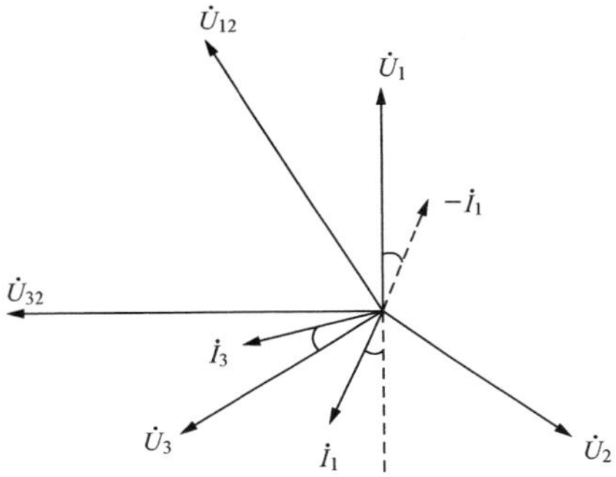

图 4－23　电压、电流向量关系

因是正相序，从 a 逆时针旋转 120°到 c，即可得知 $\dot{I}_a$和 $\dot{I}_c$，也就是说从 $\dot{I}_a$逆时针旋转 120°即是 $\dot{I}_c$的位置，所以，$\dot{I}_1$即为 $\dot{I}_a$，$\dot{I}_3$即为 $\dot{I}_c$。向量图如图 4－24 所示。

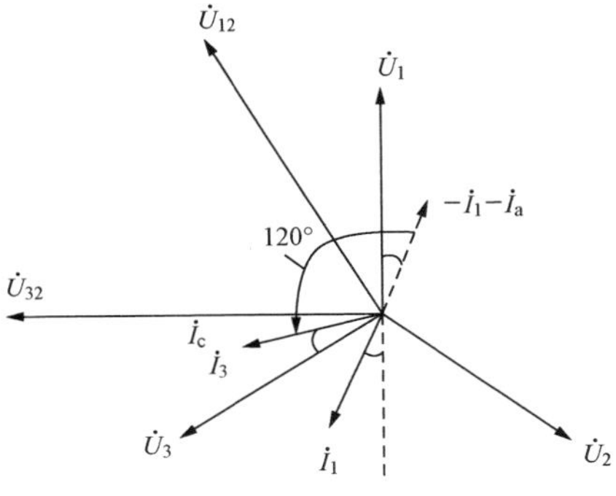

图 4－24　电压、电流向量关系

（3）电流向量更正确定后，即可判定相应的相电压位置。

就近 $\dot{I}_a$的电压相量为$\dot{U}_a$，就近 $\dot{I}_c$的电压相量为$\dot{U}_c$。另一相

即可判断为$\dot{U}_b$的位置，即$\dot{U}_1$为$\dot{U}_a$，$\dot{U}_2$为$\dot{U}_b$，$\dot{U}_3$为$\dot{U}_c$，电压电流向量图如图 4 - 25 所示。

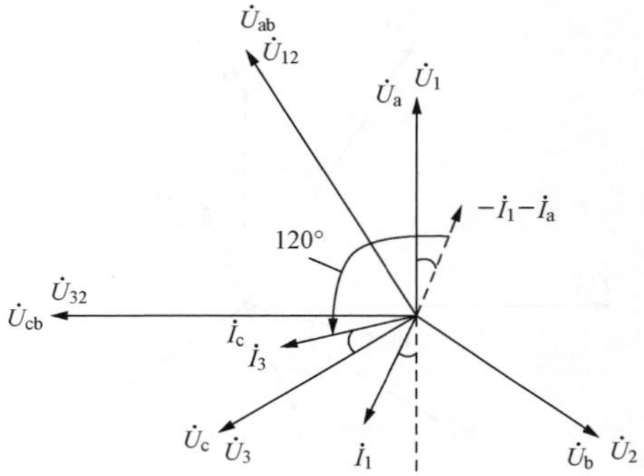

图 4 - 25　电压、电流向量

从以上分析知，电能表第一功率元件所接的电压、电流分别为$\dot{U}_{ab}$、$-\dot{I}_a$，电能表第二功率元件所接的电压、电流分别为$\dot{U}_{cb}$、$\dot{I}_c$。

第三节　实 例 分 析

【例 4 - 8】 某高压用户采用三相三线电能表计量，现场测量电能表尾，具体参数如表 4 - 8 所示，根据测量结果，判断接线方式。

表 4 - 8　　电压、电流及其相位角现场测量数据

相位角关系	数值	相位角关系	数值
$\widehat{\dot{U}_{12}\dot{I}_1}$	310°	$\widehat{\dot{U}_{12}\dot{I}_3}$	250°
$\widehat{\dot{U}_{32}\dot{I}_1}$	10°	$\widehat{\dot{U}_{32}\dot{I}_3}$	310°

解　（1）判断相序。$\widehat{\dot{U}_{12}\dot{I}_3}$夹角为 250°，$\widehat{\dot{U}_{32}\dot{I}_3}$的夹角为 310°，两个角度差值为 60°，所以电压为正序，画出正序向量图，如图 4－26 所示。

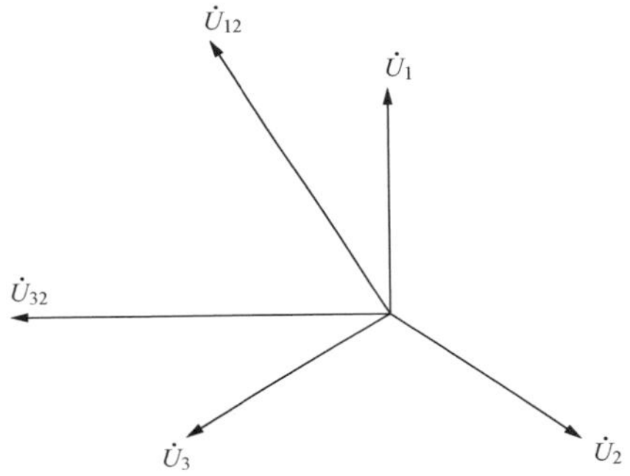

图 4－26　正相序电压向量

（2）分析电流，确定 $\dot{I}_1$、$\dot{I}_3$的位置，从而确定出 $\dot{I}_a$及 $\dot{I}_c$。由电压、电流相位关系角度

$$\widehat{\dot{U}_{12}\dot{I}_1}=310°,\quad \widehat{\dot{U}_{32}\dot{I}_1}=10°$$

$$\widehat{\dot{U}_{12}\dot{I}_3}=250°,\quad \widehat{\dot{U}_{32}\dot{I}_3}=310°$$

即可确定出 $\dot{I}_1$、$\dot{I}_3$的位置，向量图 4－27 所示。

因为 $\widehat{\dot{I}_1\dot{I}_3}\approx 60°$，则必定有一个电流接反，再者，$\varphi=40°<60°$，则超前就近相电压的那个电流即 $\dot{I}_3$为反接，将其沿反方向画出，如图 4－28 所示。

根据正相序中两元件电流的夹角关系，确定实际电流 $\dot{I}_a$及 $\dot{I}_c$在向量图中的位置。

从 a 逆时针旋转 120°到 c，即可得知 $\dot{I}_a$和 $\dot{I}_c$，也就是说，从 $\dot{I}_a$逆时针旋转 120°即是 $\dot{I}_c$的位置。故 $\dot{I}_3$即为 $\dot{I}_a$，$\dot{I}_1$即为 $\dot{I}_c$。画出向量图，如图 4－29 所示。

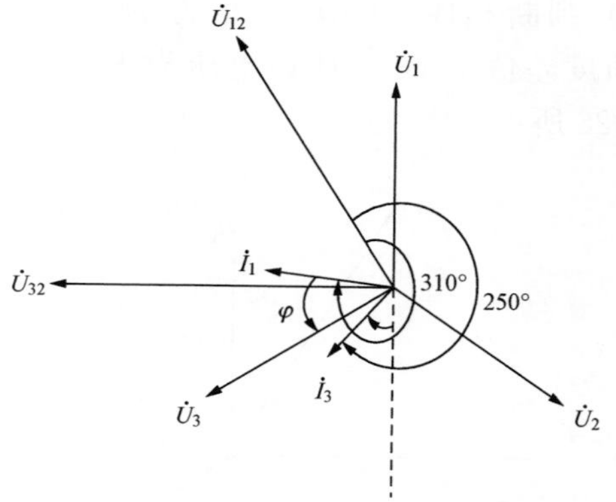

图 4-27　电压、电流向量关系

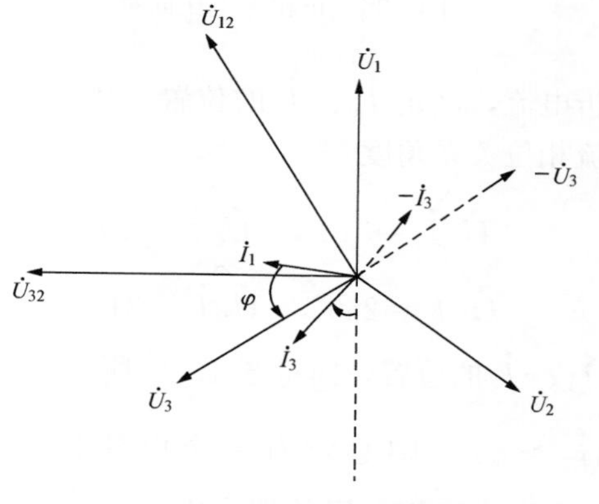

图 4-28　电压、电流向量关系

（3）电流 $\dot{I}_a$及 $\dot{I}_c$在向量图中的位置确定后，即可判定相应的电压位置。就近 $\dot{I}_a$的电压相量为$\dot{U}_a$即$\dot{U}_1$为$\dot{U}_a$，就近 $\dot{I}_c$的电压向量为$\dot{U}_c$即$\dot{U}_3$为$\dot{U}_c$。另一相电压即可判断为 b 相电压，即$\dot{U}_2$为$\dot{U}_b$。画出完整的向量图，如图 4-30 所示。

结论：从以上分析可确定电能表第一功率元件所接的电压、

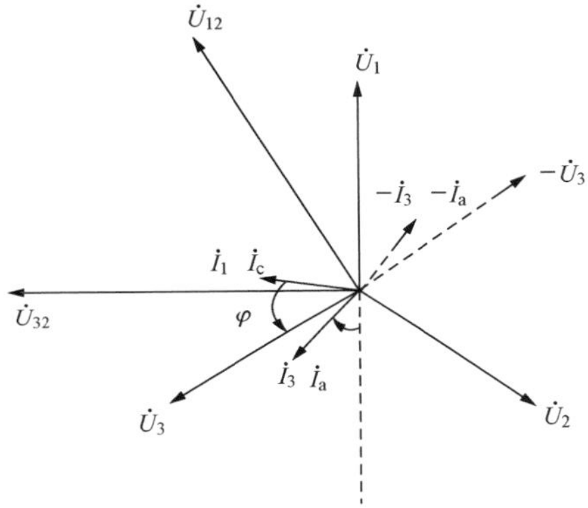

图 4-29 电压、电流向量关系

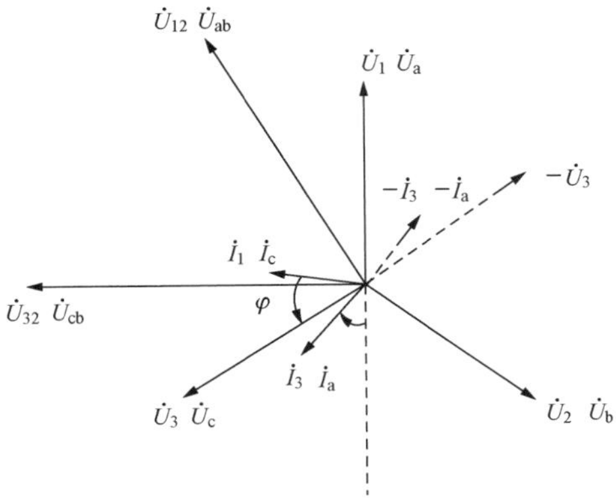

图 4-30 电压、电流向量关系

电流分别为$\dot{U}_{ab}$、$\dot{I}_c$，电能表第二功率元件所接的电压、电流分别为$\dot{U}_{cb}$、$-\dot{I}_a$。

【例 4-9】 某高压用户采用三相三线电能表计量，现场测量电能表尾，具体参数如表 4-9 所示，根据测量结果，判断接线方式。

表 4-9　　　　电压、电流及其相位角现场测量数据

相位角关系	数值	相位角关系	数值
$\widehat{\dot{U}_{12}\dot{I}_1}$	350°	$\widehat{\dot{U}_{12}\dot{I}_3}$	110°
$\widehat{\dot{U}_{32}\dot{I}_1}$	50°	$\widehat{\dot{U}_{32}\dot{I}_3}$	170°

解　(1) 判断相序。$\widehat{\dot{U}_{12}\dot{I}_3}$夹角为 110°，$\widehat{\dot{U}_{32}\dot{I}_3}$夹角为 170°，两个角度差值为 60°，所以电压为正相序。画出正相序向量图，如图 4-31 所示。

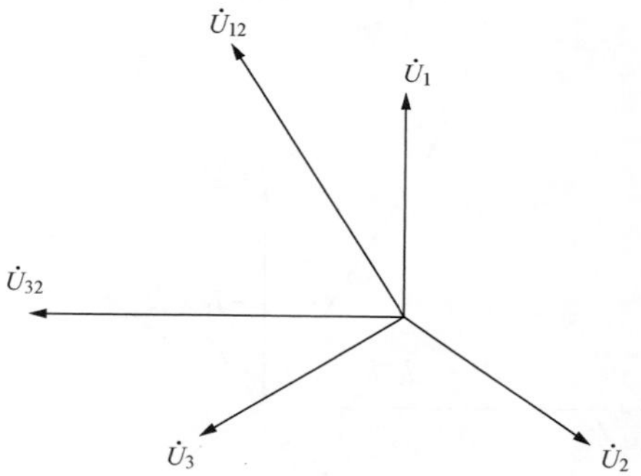

图 4-31　正相序电压向量

(2) 分析电能表两个元件的电流，确定 $\dot{I}_1$、$\dot{I}_3$的位置，从而确定出 $\dot{I}_a$及 $\dot{I}_c$。由电压、电流相位关系角度

$$\widehat{\dot{U}_{12}\dot{I}_1}=350°,\widehat{\dot{U}_{32}\dot{I}_1}=50°$$

$$\widehat{\dot{U}_{12}\dot{I}_3}=110°,\widehat{\dot{U}_{32}\dot{I}_3}=170°$$

即可确定出 $\dot{I}_1$和 $\dot{I}_3$的位置，向量图如图 4-32 所示。

因为 $\widehat{\dot{I}_1\dot{I}_3}\approx 120°$，则有可能两个电流都接反或者都没有接

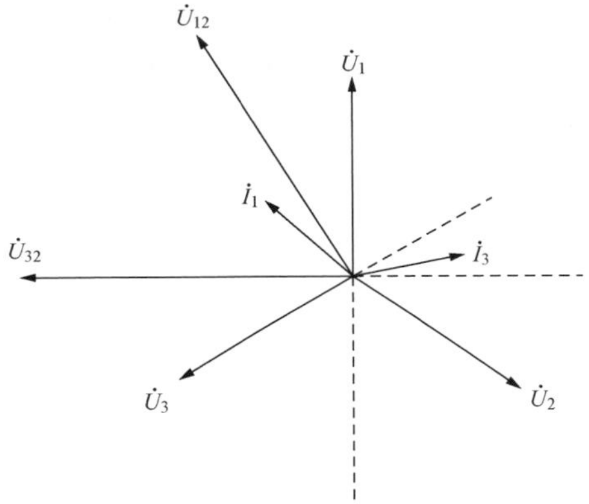

图 4－32　电压、电流向量关系

反，但是两个电流 $\dot{I}_1$、$\dot{I}_3$都超前就近的相电压$\dot{U}_1$和$\dot{U}_2$，则可确定两个电流都接反了（前提条件是感性电路即 $\varphi<60°$），将两个电流沿反方向画出，如图 4－33 所示。

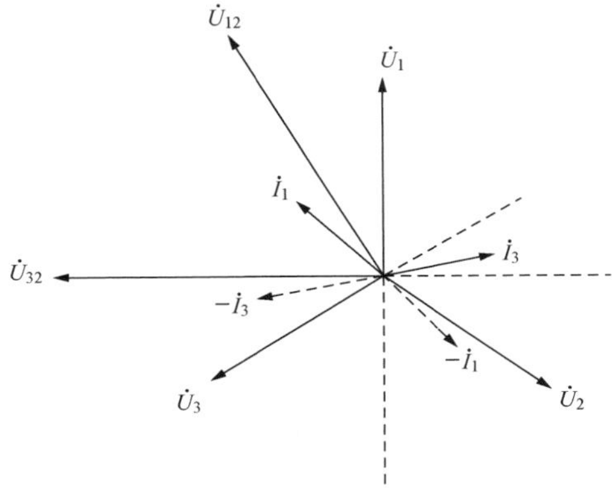

图 4－33　电压、电流向量关系

根据正相序中两个元件的电流夹角关系，确定实际电流 $\dot{I}_a$ 及 $\dot{I}_c$的位置。从 a 逆时针旋转 120°到 c，即可得知 $\dot{I}_a$和 $\dot{I}_c$，也就是说，在图 4 - 33 中，从 $\dot{I}_a$逆时针旋转 120°即是 $\dot{I}_c$的位置。从－ $\dot{I}_3$逆时针旋转 120°刚好到－ $\dot{I}_1$。故 $\dot{I}_3$即为 $\dot{I}_a$， $\dot{I}_1$即为 $\dot{I}_c$。画出向量图，见向量图 4 - 34 所示。

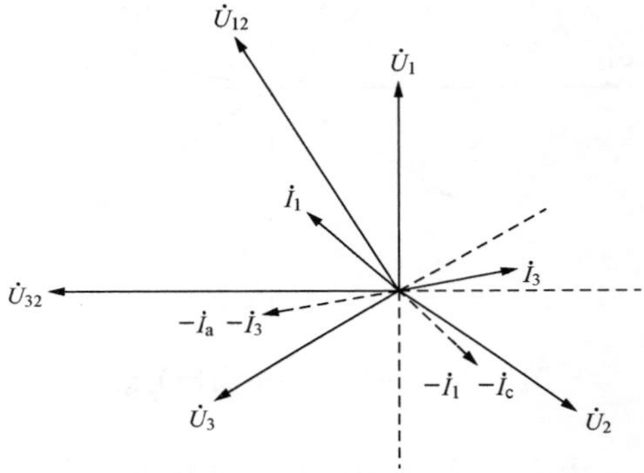

图 4 - 34　电压、电流向量关系

（3）电流向量更正确定后，即可判定相应的电压位置。就近 $\dot{I}_a$的电压相量为$\dot{U}_a$，即$\dot{U}_3$为$\dot{U}_a$，就近 $\dot{I}_c$的电压相量为$\dot{U}_c$即$\dot{U}_2$为$\dot{U}_c$；另一相$\dot{U}_1$即可判断出是$\dot{U}_b$的位置，如图 4 - 35 所示。

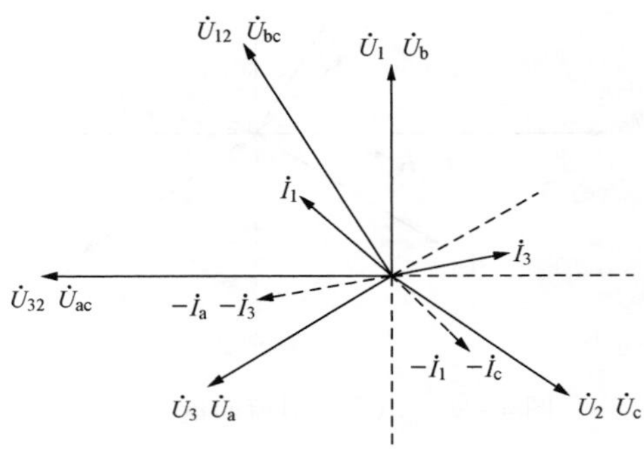

图 4 - 35　电压、电流向量关系

结论：从以上分析可确定电能表第一功率元件所接的电压、电流分别为$\dot{U}_{bc}$、$-\dot{I}_c$，电能表第二功率元件所接的电压、电流分别为$\dot{U}_{ac}$、$-\dot{I}_a$。

【例 4-10】 某高压用户采用三相三线电能表计量，现场测量电能表尾，具体参数如表 4-10 所示，根据测量结果，判断接线方式。

表 4-10　　电压、电流及其相位角现场测量数据

相位角关系	数值	相位角关系	数值
$\widehat{\dot{U}_{12}\dot{I}_1}$	180°	$\widehat{\dot{U}_{12}\dot{I}_3}$	120°
$\widehat{\dot{U}_{32}\dot{I}_1}$	120°	$\widehat{\dot{U}_{32}\dot{I}_3}$	60°

解　（1）判断相序。$\widehat{\dot{U}_{12}\dot{I}_1}$夹角为 180°，$\widehat{\dot{U}_{32}\dot{I}_1}$的夹角为 120°，两个角度差值为$-60°$，所以电压为负相序。画出负相序向量图，如图 4-36 所示。

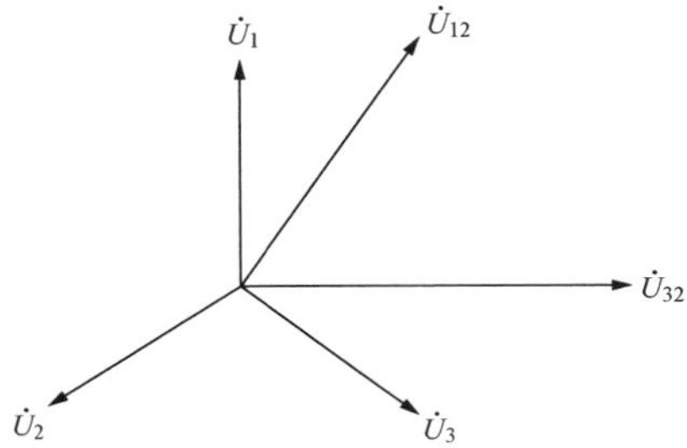

图 4-36　负相序电压向量

（2）分析电流，确定$\dot{I}_1$、$\dot{I}_3$的位置，从而确定出$\dot{I}_a$及$\dot{I}_c$在向量图的位置。由电压、电流相位关系角度

$$\widehat{\dot{U}_{12}\dot{I}_1}=180°, \widehat{\dot{U}_{32}\dot{I}_1}=120°$$

$$\widehat{\dot{U}_{12}\dot{I}_3}=120°, \widehat{\dot{U}_{32}\dot{I}_3}=60°$$

即可确定出 $\dot{I}_1$、$\dot{I}_3$的位置，如图 4 - 37 所示。

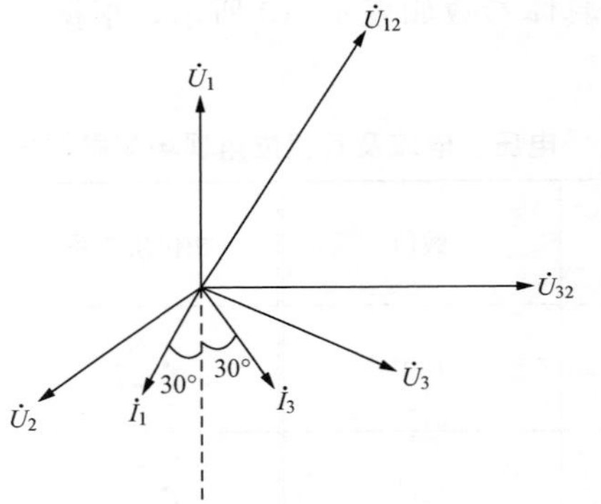

图 4 - 37　电压、电流向量关系

因为 $\widehat{\dot{I}_1\dot{I}_3}\approx 60°$，则必定有一个电流接反，因 $\dot{I}_1$超前就近的相电压$\dot{U}_2$，则可确定 $\dot{I}_1$电流线接反了。将 $\dot{I}_1$在图 4 - 37 中沿反方向画出，如图 4 - 38 所示。

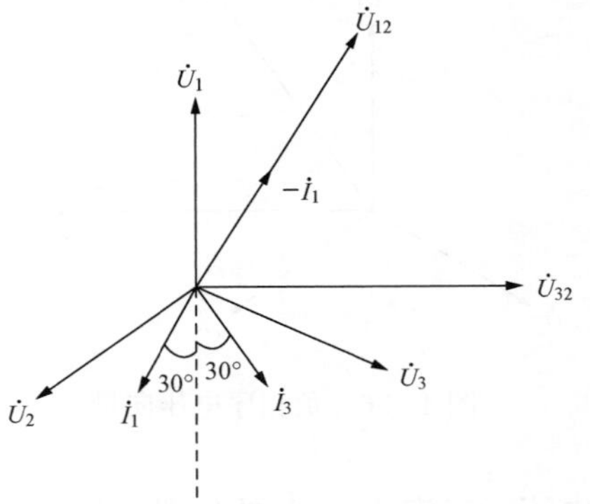

图 4 - 38　电压、电流向量关系

确定实际电流 $\dot{I}_a$及 $\dot{I}_c$的位置。因是负相序，从 a 顺时针旋转 120°到 c，即可得知 $\dot{I}_a$及 $\dot{I}_c$，也就是说，从 $\dot{I}_a$顺时针旋转 120°即是 $\dot{I}_c$在向量图中的位置。故$-\dot{I}_1$即为$-\dot{I}_a$，$\dot{I}_3$即为 $\dot{I}_c$。画出向量图，如图 4 - 39 所示。

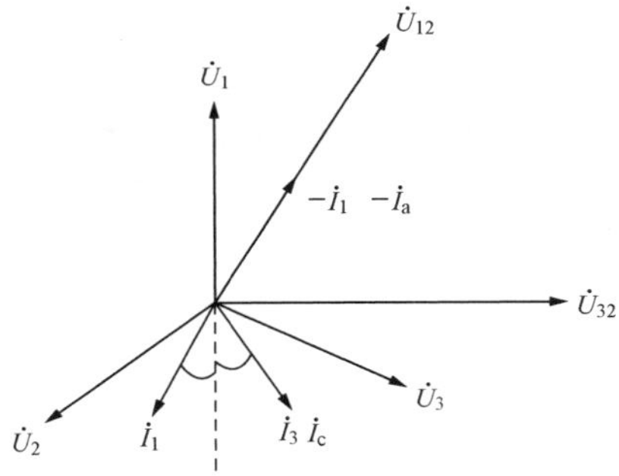

图 4 - 39　电压、电流向量关系

（3）电流向量更正确定后，即可判定相应的电压位置。就近$-\dot{I}_a$的电压相量为$\dot{U}_a$，即$\dot{U}_1$为$\dot{U}_a$，就近 $\dot{I}_c$的电压相量为$\dot{U}_c$即$\dot{U}_3$为$\dot{U}_c$，另一相电压即可判断为 b 相电压，即$\dot{U}_2$为$\dot{U}_b$，如图 4 - 40 所示。

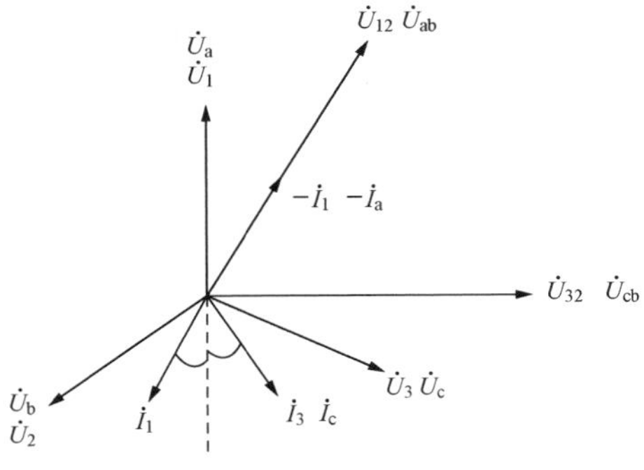

图 4 - 40　电压、电流向量关系

结论：从以上分析可确定电能表第一功率元件所接的电压、电流分别为$\dot{U}_{ab}$、$-\dot{I}_a$，电能表第二功率元件所接的电压、电流分别为$\dot{U}_{cb}$、$\dot{I}_c$。

【例 4-11】 某高压用户采用三相三线电能表计量，现场测量电能表尾，具体参数如表 4-11 所示，根据测量结果，判断接线方式。

表 4-11　　电压、电流及其相位角现场测量数据

电流（A）		电压（V）				角度（°）	
I_1	1.48	U_{12}	100	U_{10}	100	$\widehat{\dot{U}_{12}\dot{I}_1}$	119
		U_{32}	100	U_{20}	0	$\widehat{\dot{U}_{32}\dot{I}_1}$	180
I_3	1.48	U_{31}	100	U_{30}	100	$\widehat{\dot{U}_{12}\dot{I}_3}$	239
						$\widehat{\dot{U}_{32}\dot{I}_3}$	299

解　（1）判断相序。$\widehat{\dot{U}_{12}\dot{I}_1}$夹角为 119°，$\widehat{\dot{U}_{32}\dot{I}_1}$的夹角为 180°，两个角度差值约为 60°，所以电压为正相序。

由于$U_{20}=0$，故可确定$\dot{U}_2$即为 b 相电压，又因是正相序，从而可确定相序为 abc 正相序。画出正序向量图，如图 4-41 所示。

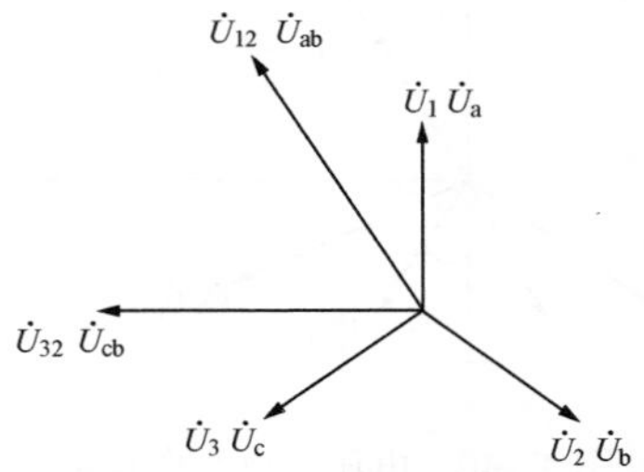

图 4-41　正相序电压向量

（2）分析电压及电流相位关系，确定 $\dot{I}_1$、$\dot{I}_3$ 在向量图中的位置，从而确定出 $\dot{I}_a$ 及 $\dot{I}_c$。由电压、电流相位关系角度

$$\widehat{\dot{U}_{12}\dot{I}_1}=119°,\widehat{\dot{U}_{32}\dot{I}_1}=180°$$

$$\widehat{\dot{U}_{12}\dot{I}_3}=239°,\widehat{\dot{U}_{32}\dot{I}_3}=299°$$

即可确定出 $\dot{I}_1$、$\dot{I}_3$ 在向量图中的位置，如图 4-42 所示。

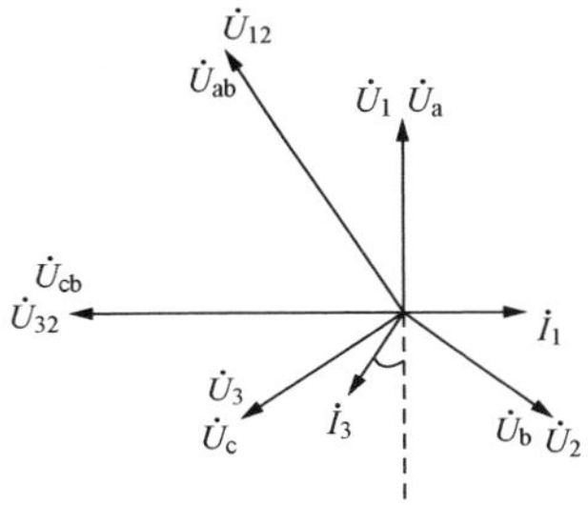

图 4-42　电压、电流向量关系

因为 $\widehat{\dot{I}_1\dot{I}_3}\approx120°$，则必定有两个电流都接反或两个电流全不接反，但因两个电流 $\dot{I}_1$、$\dot{I}_3$ 都超前就近的相电压 $\dot{U}_b$ 和 $\dot{U}_c$，则可确定两个电流都接反了（前提条件是感性电路，即 $\varphi<60°$）。将两个电流沿反方向画出。如图 4-43 所示。

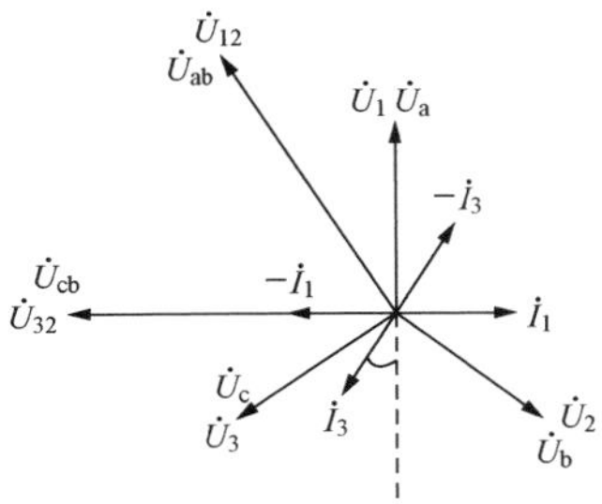

图 4-43　电压、电流向量关系

因是正相序，从 a 逆时针旋转 120°到 c，即可得知 $\dot{I}_a$及 $\dot{I}_c$的位置，也就是说从 $\dot{I}_a$逆时针旋转 120°即是 $\dot{I}_c$的位置。故$-\dot{I}_3$即为$-\dot{I}_a$，$-\dot{I}_1$即为$-\dot{I}_c$，如图 4 - 44 所示。

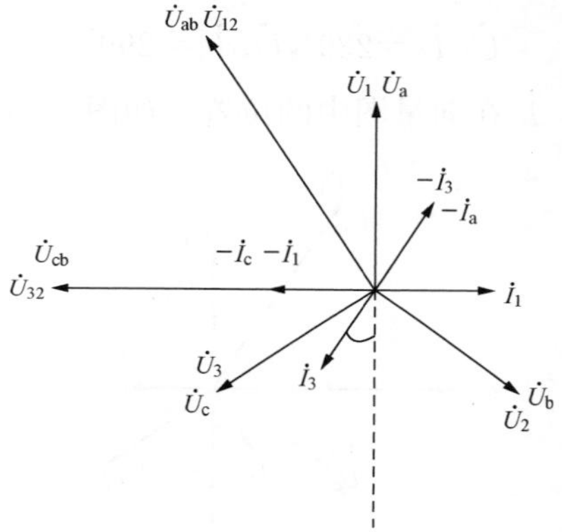

图 4 - 44　电流向量关系

结论：从以上分析可确定电能表第一功率元件所接的电压、电流分别为$\dot{U}_{ab}$、$-\dot{I}_c$，电能表第二功率元件所接的电压、电流分别为$\dot{U}_{cb}$、$-\dot{I}_a$。

【例 4 - 12】　某高压用户，采用三相三线电能表计量，现场测量电能表尾，具体参数如表 4 - 12 所示，根据测量结果，判断接线方式。试根据这些数据分析电能计量装置的接线方式。

表 4 - 12　　电压、电流及其相位角现场测量数据

相位角关系	数值	相位角关系	数值
$\widehat{\dot{U}_{12}\dot{I}_1}$	230°	$\widehat{\dot{U}_{12}\dot{I}_3}$	290°
$\widehat{\dot{U}_{32}\dot{I}_1}$	290°		

解　（1）判断相序。$\widehat{\dot{U}_{12}\dot{I}_1}$夹角为 230°，$\widehat{\dot{U}_{32}\dot{I}_1}$夹角为 290°，两个角度差值为 60°，所以电压为正相序。画出正相序向量图，如图 4-45 所示。

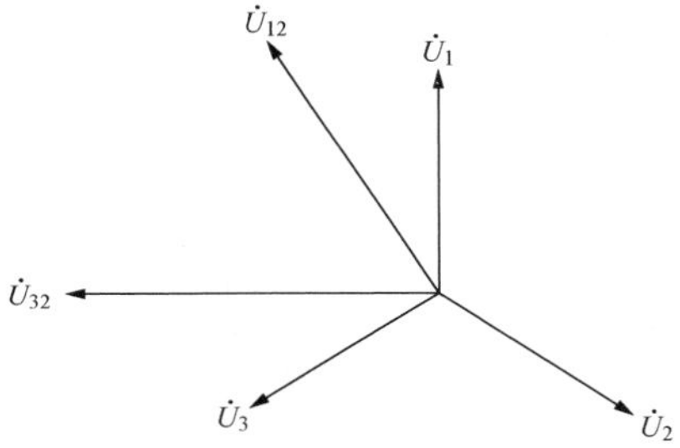

图 4-45　正相序电压向量

（2）分析电压及电流相位关系，确定 $\dot{I}_1$、$\dot{I}_3$在向量图中的位置，从而确定出 $\dot{I}_a$及 $\dot{I}_c$。由电压、电流相位关系角度

$$\widehat{\dot{U}_{12}\dot{I}_1}=230°,\widehat{\dot{U}_{32}\dot{I}_1}=290°,\widehat{\dot{U}_{12}\dot{I}_3}=290°$$

即可确定出 $\dot{I}_1$、$\dot{I}_3$的位置，如图 4-46 所示。

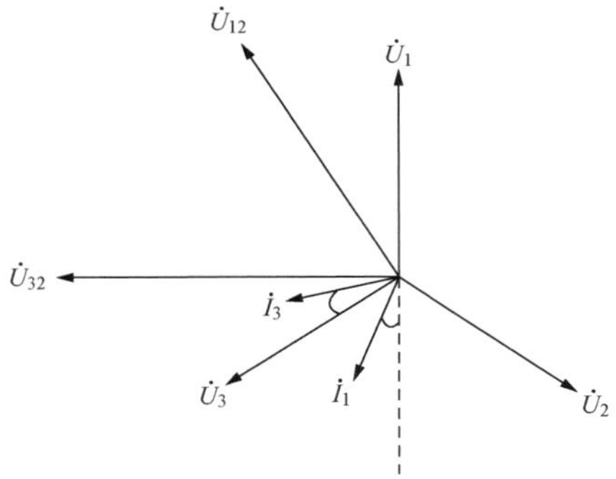

图 4-46　电压、电流向量关系

因为 $\widehat{\dot{I}_1\dot{I}_3}\approx60^\circ$，则确定有一个电流接反。因 $\dot{I}_1$超前就近的相电压$\dot{U}_3$，进而可确定 $\dot{I}_1$电流接反了，在向量图中将 $\dot{I}_1$电流沿反方向画出，如图 4－47 所示。

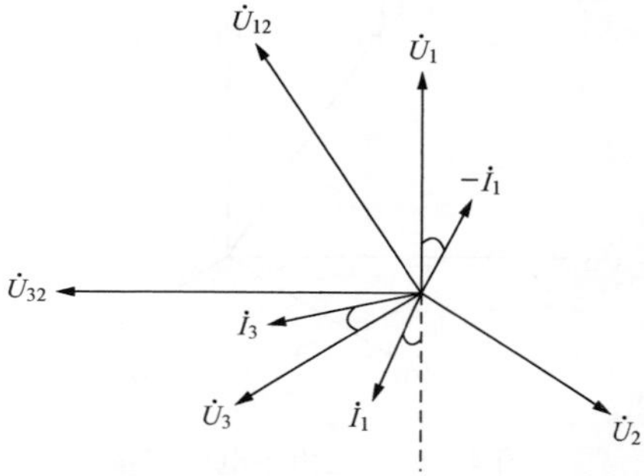

图 4－47　电压、电流向量关系

根据正相序，确定实际电流 $\dot{I}_a$及 $\dot{I}_c$的位置。

因是正相序，从 a 逆时针旋转 120°到 c，即可得知 $\dot{I}_a$及 $\dot{I}_c$，也就是说，从 $\dot{I}_a$逆时针旋转 120°即是 $\dot{I}_c$在向量图中的位置。故 $-\dot{I}_1$即为$-\dot{I}_a$，$\dot{I}_3$即为 $\dot{I}_c$。画出向量图，如图 4－48 所示。

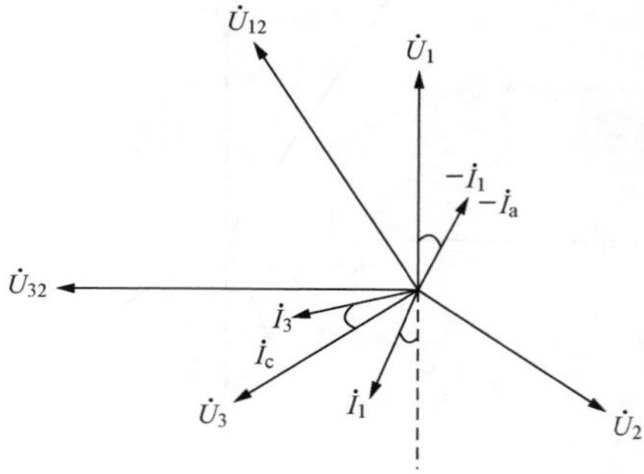

图 4－48　电压、电流向量关系

（3）电流向量更正确定后，即可判定相应的电压位置。就近$-\dot{I}_a$的电压相量为$\dot{U}_a$，即$\dot{U}_1$为$\dot{U}_a$，就近$\dot{I}_c$的电压相量为$\dot{U}_c$，即$\dot{U}_3$为$\dot{U}_c$，另一相电压即可判断为b相电压，即$\dot{U}_2$为$\dot{U}_b$，如图4-49所示。

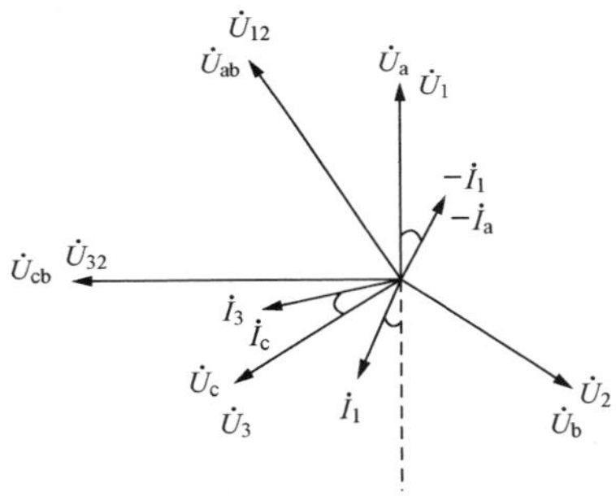

图4-49　电压、电流向量关系

结论：从以上分析可确定电能表第一功率元件所接的电压、电流分别为$\dot{U}_{ab}$、$-\dot{I}_a$，电能表第二功率元件所接的电压、电流分别为$\dot{U}_{cb}$、$\dot{I}_c$。

第五章

互感器错误接线的快速判断方法

第一节 电压互感器错误接线的快速判断方法

在正常情况下电力系统的三相电压是平衡的，电压互感器二次侧的线电压都是 100V。用一只 250V 左右的交流电压表，依次测量电压互感器二次侧的各线间电压 U_{ab}、U_{bc}、U_{ca} 或 U_{ac}、U_{cb}、U_{ba}，且有 $U_{ab}=U_{bc}=U_{ca}=100V$。

若测得 $U_{bn}=0$，则电压互感器为 V/v_0 接线，且二次侧 b 相接地；若测得 $U_{an}=U_{bn}=U_{cn}=100/\sqrt{3}=57.7V$，则电压互感器为 Y/y_0 接线，且电压互感器二次侧中性点接地。

如果三相线电压值不相等，且差别较大时，则说明互感器极性接错或电压回路有断线或熔丝熔断等故障，可根据电压测量结果、互感器的接线方式以及负载状况进行分析，并做出判断。

一、电压互感器 Vv0 接线方式，一次侧断线二次侧电压分析

电压互感器 Vv0 接线的共同点就是二次侧必须有一点接地，以防止一次绝缘击穿，高压电进入二次回路而危及人身安全。两只单相电压互感器的 Vv0 形接线，用以测量线电压。二次侧通常在 b 相接地。这种接线方式广泛应用于 10kV 中性点不接地三相系统，此种接法节省了一台电压互感，但不能测量相电压和进行绝缘状况监视。

当一次侧发生断线故障（或高压保险熔断）时，在二次侧测得的线电压数值与电压互感器的接线方式及断线相别有关。

（1）电压互感器二次侧不带负荷（即空载）运行时，一次侧断线二次侧线电压分析。

1）电压互感器 A 相一次侧断线时，简化图如图 5-1 所示。

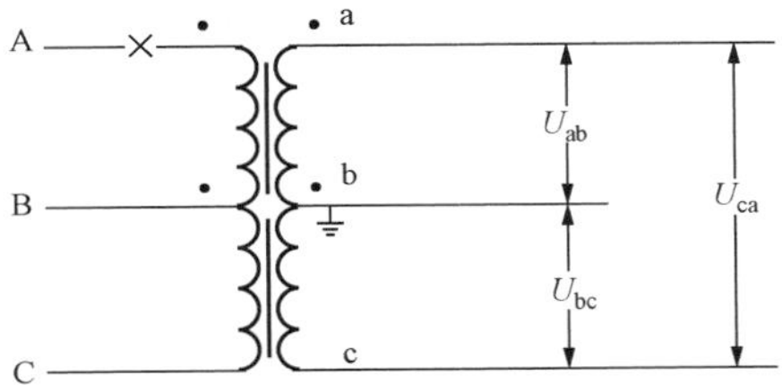

图 5-1　电压互感器 A 相一次侧断线

A 相一次侧断线，相当于第一元件没有加载电压，二次侧 U_a、U_b 同电位，亦即相当于一个点。故 $U_{ab}=0$，$U_{cb}=100V$，$U_{ca}=100V$。

2）电压互感器 B 相一次侧断线时，简化图如图 5-2 所示。

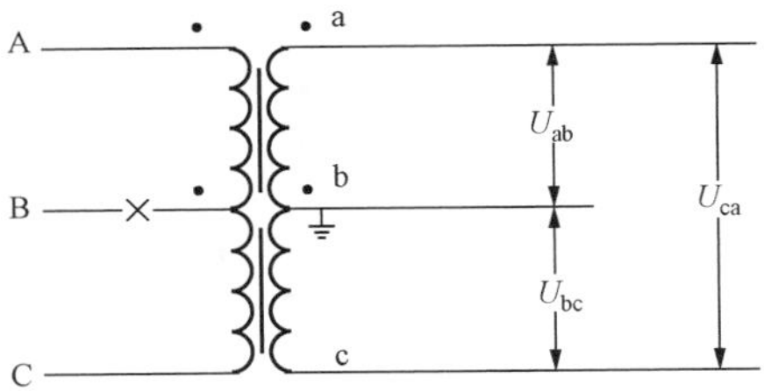

图 5-2　电压互感器 B 相一次侧断线

B 相一次侧断线，相当于 U_{AC} 电压加载于两个元件上，二次侧 U_{ab}、U_{bc} 将平分一次侧 U_{AC} 所加载的电压。故 $U_{ab}=\frac{1}{2}U_{ac}=50V$，$U_{bc}=\frac{1}{2}U_{ac}=50V$，而 $U_{ca}=100V$。

3）电压互感器 C 相一次侧断线时，简化图如图 5-3 所示。

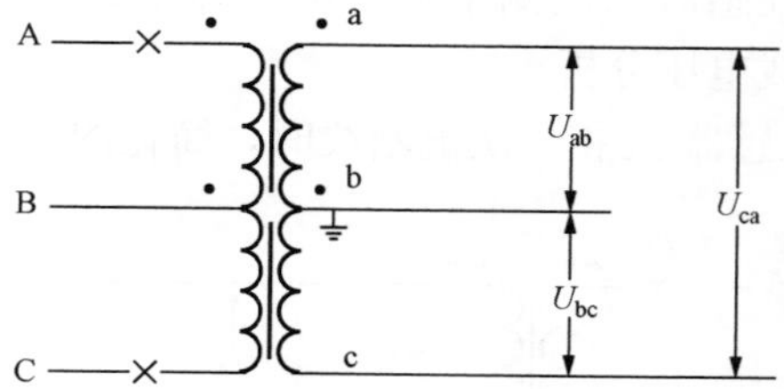

图 5-3　电压互感器 C 相一次侧断线

C 相一次侧断线，相当于第二元件没有加载电压，二次侧 U_b、U_c 同电位，亦即相当于一个点。故 $U_{ab}=100V$，$U_{bc}=0V$，$U_{ca}=U_{ba}=100V$。

（2）电压互感器二次侧带负荷运行时，一次侧断线二次侧线电压分析。电压互感器正常工作时，近似于在开路状态下运行，一次侧断线时，二次回路没有改变，所以二次侧线电压与不带负荷时所测得的数值分别是一样的。

1）电压互感器 A 相一次侧断线时，简化图如图 5-4 所示。

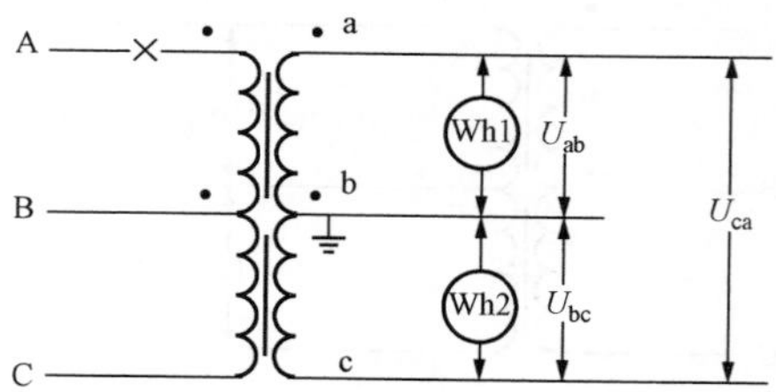

图 5-4　电压互感器 A 相一次侧断线

二次侧电压为：$U_{ab}=0V$，$U_{bc}=100V$，$U_{ca}=100V$。

2）电压互感器 B 相一次侧断线时，简化图如图 5-5 所示。

二次侧电压为：$U_{ab}=50V$，$U_{bc}=50V$，$U_{ca}=100V$。

3）电压互感器 C 相一次侧断线时，简化图如图 5-6 所示。

二次侧电压为：$U_{ab}=100V$，$U_{bc}=0V$，$U_{ca}=100V$。

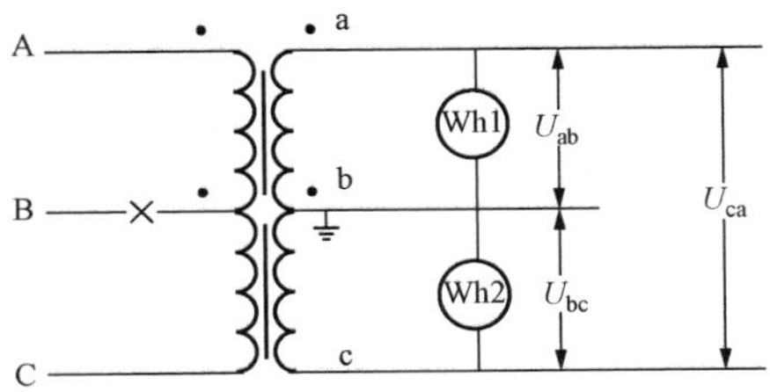

图 5 - 5　电压互感器 B 相一次侧断线

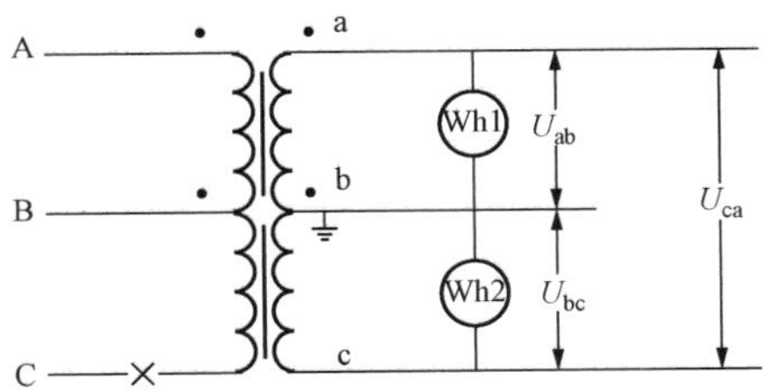

图 5 - 6　电压互感器 C 相一次侧断线

二、电压互感器 Vv0 接线方式，二次侧断线二次侧电压分析

因电压互感器二次侧断线而导致二次侧电压回路的改变，所以二次线电压分带负荷与不带负荷两种情况进行分析。

（1）电压互感器二次侧不带负荷（即空载）运行时，二次侧断线二次侧线电压分析。

1）电压互感器二次侧 a 相断线时，简化图如图 5 - 7 所示。

电压互感器二次侧 a 相断线时，断线点后的一段二次线路相当是一个悬空的绝缘线段。故 $U_{ab}=0V$，$U_{ac}=0V$，而 $U_{bc}=100V$。

2）电压互感器二次侧 b 相断线时，简化图如图 5 - 8 所示。

同理，电压互感器二次侧 b 相断线时，$U_{ab}=0V$，$U_{ac}=100V$，$U_{bc}=0V$。

3）电压互感器二次侧 c 相断线时，简化图如图 5 - 9 所示。

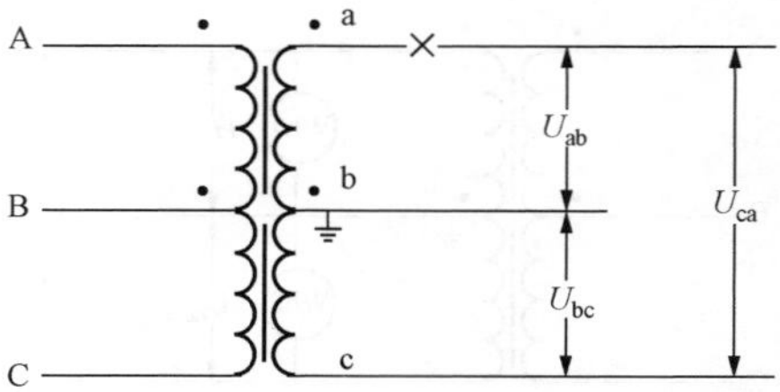

图 5-7　电压互感器二次侧 a 相断线

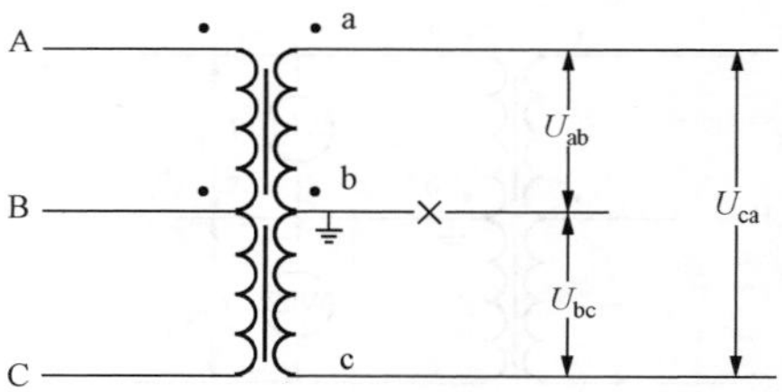

图 5-8　电压互感器二次侧 b 相断线

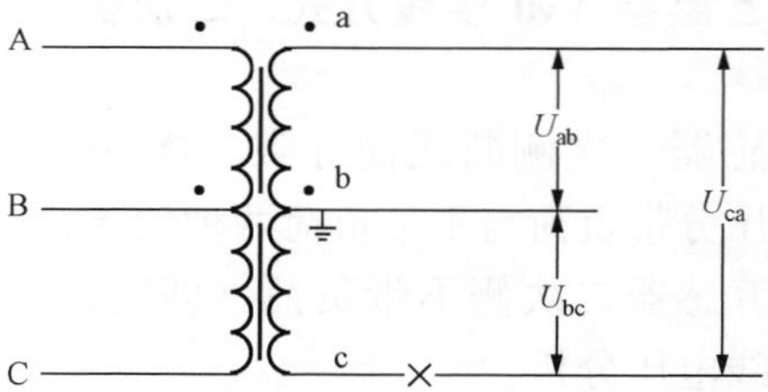

图 5-9　电压互感器二次侧 c 相断线

同理，电压互感器二次侧 c 相断线时，$U_{ab}=100V$，$U_{bc}=0V$，$U_{ca}=0V$。

（2）电压互感器二次侧带负荷运行时，二次侧断线二次侧线电压分析。

1）电压互感器二次侧 a 相断线时，简化图如图 5-10 所示。

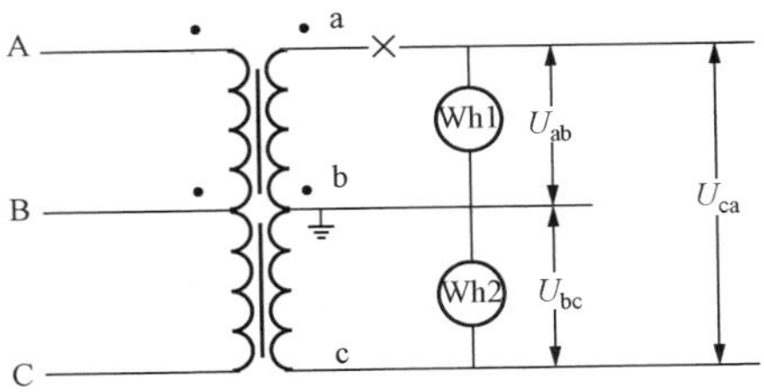

图 5-10　电压互感器二次侧 a 相断线

当电压互感器二次侧 a 相断线时，此时，a、b 相电压端子相当于一个点，即等电位，故 $U_{ab}=0V$，而 $U_{ac}=U_{bc}=100V$。

2）电压互感器二次侧 b 相断线时，简化图如图 5-11 所示。

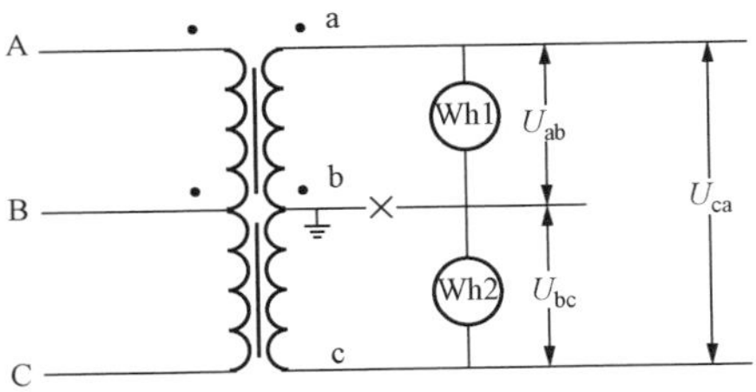

图 5-11　电压互感器二次侧 b 相断线

当运行中的电压互感器二次侧 b 相断线时，此时，断线点以后的二次线电压端子经电能表与 a 相及 c 相直接连通形成回路，而 U_{ca}加载的电压为 100V，U_{ab}、U_{bc}将平分 U_{ac}的电压（电能表的电压线圈电阻忽略不计），故 $U_{ab}=U_{bc}=50V$，$U_{ac}=U_{ca}=100V$。

3）电压互感器二次侧 c 相断线时，简化图如图 5-12 所示。

当电压互感器二次侧 c 相断线时，此时，b、c 两相电压端子经电能表电压线圈连通，相当于一个点，即等电位，故 $U_{bc}=0$，而 $U_{ab}=U_{ac}=100V$。

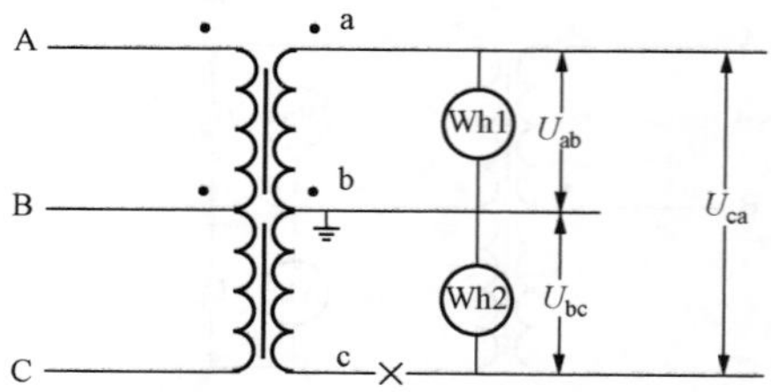

图 5-12　电压互感器二次侧 c 相断线

三、电压互感器 Yy0 接线方式，一次侧断线二次侧电压分析

只要是一次侧断线，而二次侧电压回路没有改变时，无论带负荷还是不带负荷，二次侧线电压所测得的电压值都是一样的。

（1）电压互感器 A 相一次侧断线时，简化图如图 5-13 所示。

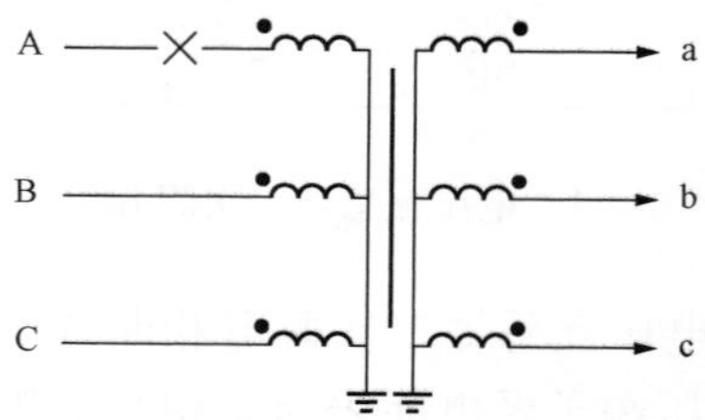

图 5-13　电压互感器 A 相一次侧断线

当电压互感器 A 相一次侧断线时，此时，二次侧 a 相没有加载电压，故二次侧 a 相电压端子相当于零电位，即与中性点 n 同电位，b、c 两相加载的电压正常，所以 $U_{ab}=U_{bn}$，$U_{ac}=U_{cn}$，在量值上同等于相电压，而 $U_{bc}=100V$。画出向量图，如图 5-14所示。

从图 5-14 中可以看出，电压关系为：$U_{ab}=U_{bc}/\sqrt{3}=100/\sqrt{3}=57.7V$，$\dot{U}_{ab}$在相位上超前$\dot{U}_{bc}$150°。$U_{ca}=U_{bc}/\sqrt{3}=100/\sqrt{3}=$

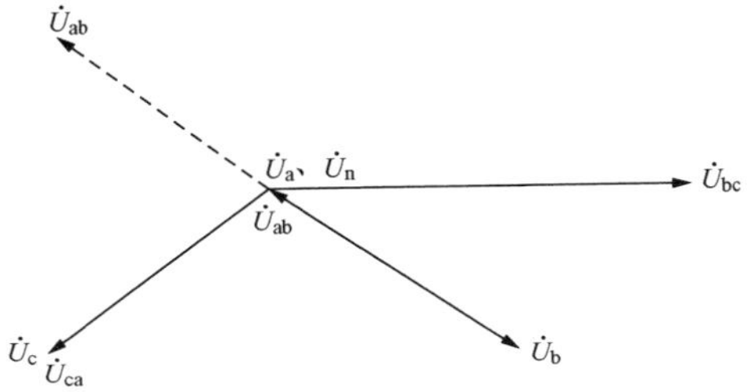

图 5 - 14　电压互感器 A 相一次侧断线时电压向量关系

57.7V，$\dot{U}_{ca}$在相位上滞后$\dot{U}_{bc}$150°。

（2）电压互感器 B 相一次侧断线时，简化图如图 5 - 15 所示。

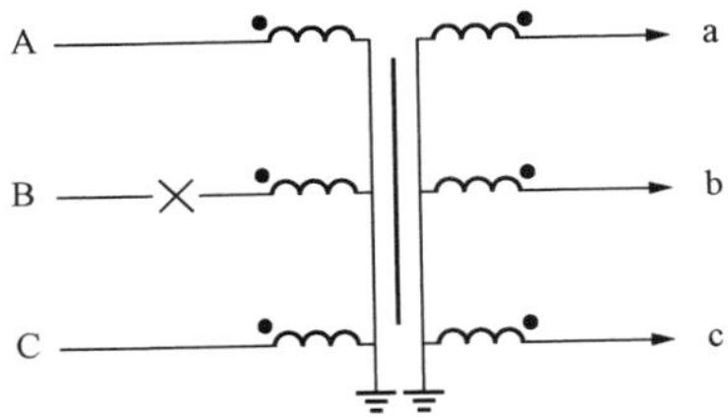

图 5 - 15　电压互感器 B 相一次侧断线

当电压互感器 B 相一次侧断线时，此时，二次侧 b 相没有加载电压，故二次侧 b 相的电压相当于零电位，即与中性点 n 同电位，所以 $U_{ab}=U_{an}$，$U_{bc}=U_{cn}$，在量值上同等于相电压。而 a、c 相加载的电压正常，故 $U_{ac}=100V$。画出向量图，如图 5 - 16所示。

从图 5 - 16 中可以看出电压关系为：$U_{ab}=U_{ac}/\sqrt{3}=100/\sqrt{3}=57.7V$，$\dot{U}_{ab}$在相位上超前$\dot{U}_{ac}$30°。$U_{bc}=U_{ac}/\sqrt{3}=100/\sqrt{3}=57.7V$，$\dot{U}_{bc}$在相位上滞后$\dot{U}_{ac}$30°。

（3）电压互感器 C 相一次侧断线时，简化图如图 5 - 17 所示。

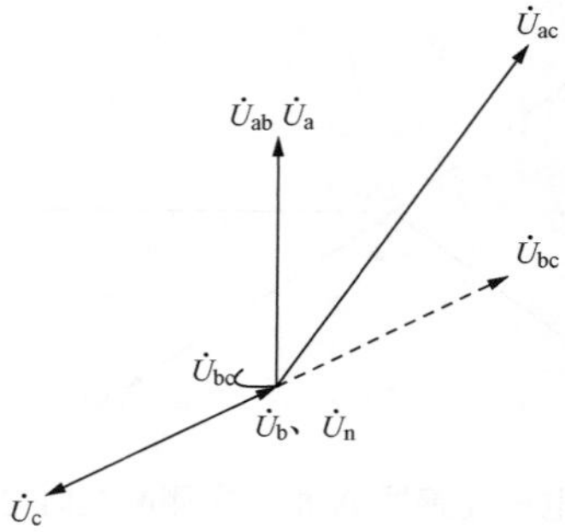

图 5-16　电压互感器 B 相一次侧断线时电压向量关系

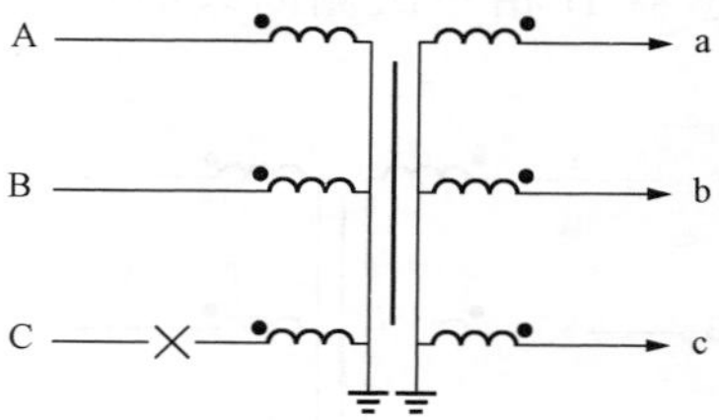

图 5-17　电压互感器 C 相一次侧断线

当电压互感器 C 相一次侧断线时，此时，二次侧 c 相没有加载电压，故二次侧 c 相电压端子点相当于零电位，即与中性点 n 同电位。所以，$U_{ac}=U_{an}$，$U_{bc}=U_{bn}$，在量值上等于相电压。而 a、b 相二次侧所加载的电压正常，故，$U_{ab}=100V$。画出向量图，如图 5-18 所示。

从图 5-18 中可以看出电压关系为：$U_{ac}=U_{ab}/\sqrt{3}=100/\sqrt{3}=57.7V$，$\dot{U}_{ac}$在相位上滞后$\dot{U}_{ab}$ 30°。$U_{bc}=U_{ab}/\sqrt{3}=100/\sqrt{3}=57.7V$，$\dot{U}_{bc}$在相位上滞后$\dot{U}_{ab}$ 150°。

四、电压互感器 Yy0 接线方式，二次侧断线二次侧电压分析

（1）电压互感器二次侧不带负荷（即空载）运行时，二次侧断线二次侧线电压分析。

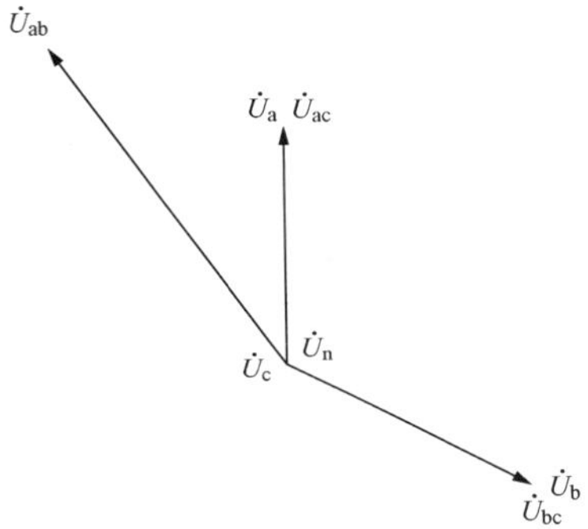

图 5-18　电压互感器 C 相一次侧断线时电压向量关系

1）电压互感器二次回路 a 相断线，简化图如图 5-19 所示。

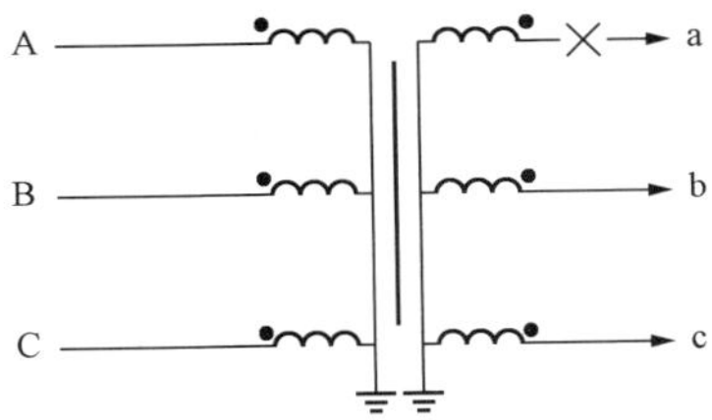

图 5-19　电压互感器二次回路 a 相断线

电压互感器不带负荷时，二次侧 a 相断线后，此时，断线点后的一段二次线相当是一个悬空的绝缘线段，故 $U_{ab}=0V$，$U_{ac}=0V$，而其他两相电压正常，故 $U_{bc}=100V$。

2）电压互感器二次回路 b 相断线，简化图如图 5-20 所示。

电压互感器不带负荷时，二次侧 b 相断线后，此时，断线点后的一段二次线相当是一个悬空的绝缘线段，故 $U_{ab}=0V$，$U_{bc}=0V$，而其他两相电压正常，故 $U_{ac}=100V$。

3）电压互感器二次回路 c 相断线，简化图如图 5-21 所示。

电压互感器不带负荷时二次侧 c 相断线后，此时，断线点后的一段二次线相当是一个悬空的绝缘线段，故 $U_{bc}=0V$，

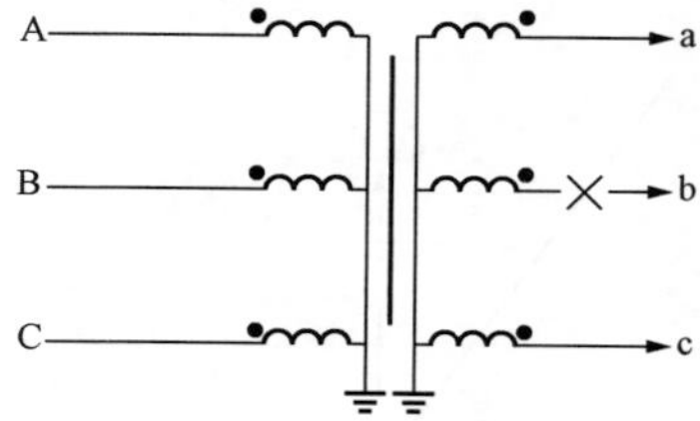

图 5-20　电压互感器二次回路 b 相断线

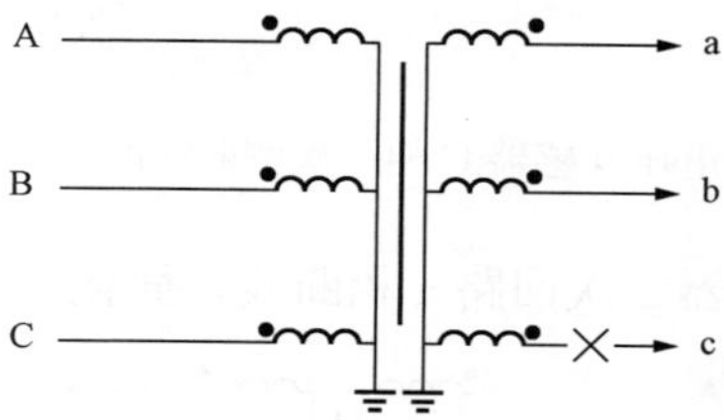

图 5-21　电压互感器二次回路 c 相断线

$U_{ca}=0V$，而其他两相电压正常，故 $U_{ab}=100V$。

（2）电压互感器二次侧带负荷运行时，二次侧断线二次侧线电压分析。

1）电压互感器二次回路 a 相断线，简化图如图 5-22 所示。

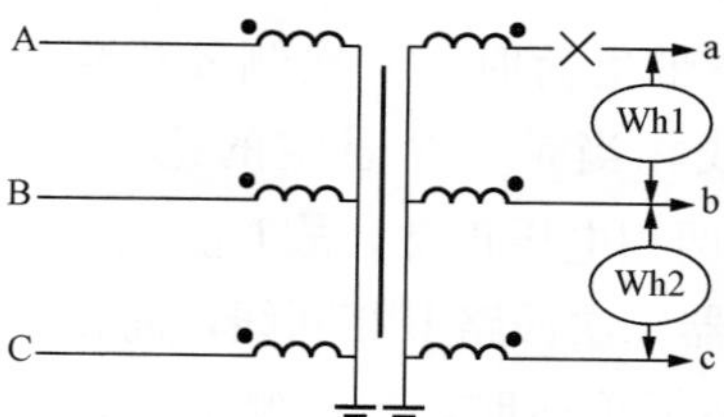

图 5-22　电压互感器二次回路 a 相断线

电压互感器带负荷的情况下二次回路 a 相断线，此时，a、b 两相电压端子经电能表电压线圈连通，相当于一个点，即等电位，故 $U_{ab}=0V$，$U_{ac}=U_{bc}=100V$。

2）电压互感器二次回路 b 相断线，简化图如图 5 - 23 所示。

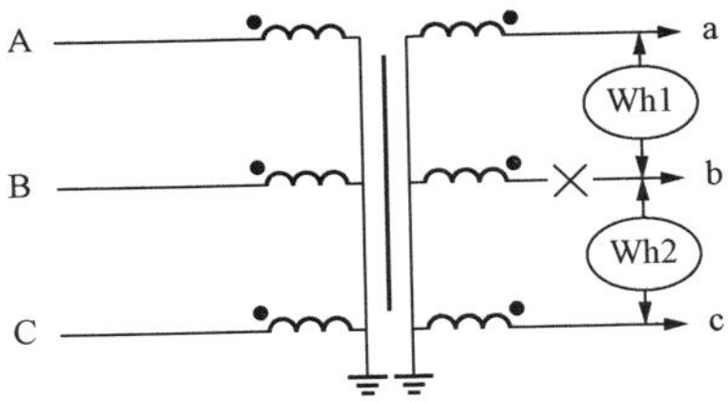

图 5 - 23　电压互感器二次回路 b 相断线

电压互感器带负荷的情况下二次回路 b 相断线，此时，b 相经电能表的电压线圈与 a 相及 c 相连通并形成回路，而 U_{ac} 加载的电压为 100V，U_{ab}、U_{bc} 将平分 U_{ac} 的电压，故 $U_{ab}=U_{bc}=50V$，$U_{ac}=100V$。

3）电压互感器二次回路 c 相断线，简化图如图 5 - 24 所示。

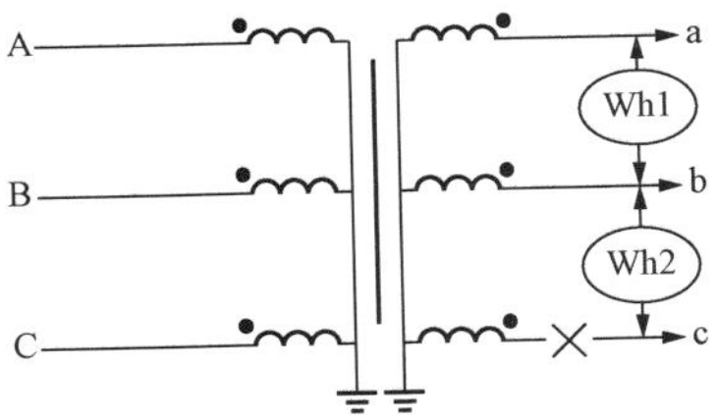

图 5 - 24　电压互感器二次回路 c 相断线

电压互感器带负荷的情况下二次回路 c 相断线，此时，c、b 两相电压端子经电能表电压线圈连通，相当于一个点，即等电位，故 $U_{bc}=0$，$U_{ab}=U_{ac}=100V$。

五、电压互感器一、二次侧断线故障的快速判断方法

1. 电压互感器一次侧断线故障的快速判断

通过测量二次侧的电压值，可快速判断电压互感器一次侧断线相别。电压互感器一次侧断线，各种接线方式所测得的二次侧电压值如表 5 - 1 所示（电压互感器二次侧带负荷与不带负荷所测电压是一样的）。

表 5-1　　电压互感器一次侧断线二次侧电压值

一次侧断线相别	接线方式	二次侧电压数值（V）		
		U_{ab}	U_{bc}	U_{ca}
A	V	0	100	100
	Y	57.7	100	57.7
B	V	50	50	100
	Y	57.7	57.7	100
C	V	100	0	100
	Y	100	57.7	57.7

根据以上所测得的电压互感器二次侧电压数据，则可以快速判断电压互感器一次侧断相的相别。

（1）电压互感器为 Vv0 接线方式时，一次侧断线的快速判断方法如下。

1）如果 $U_{ab}=0$，而其他两相均为 100V，则可判断一次侧 A 相断线。

2）如果 $U_{ca}=100V$，而其他两相均为 50V，则可判断一次侧 B 相断线。

3）如果 $U_{bc}=0$，而其他两相均为 100V，则可判断一次侧 C 相断线。

（2）电压互感器为 Yy0 接线方式时，一次侧断线的快速判断方法如下。

1）如果 $U_{bc}=100V$，而其他两相均为 57.7V，则可判断一次侧 A 相断线。

2）如果 $U_{ca}=100V$，而其他两相均为 57.7V，则可判断一次侧 B 相断线。

3）如果 $U_{ab}=100V$，而其他两相均为 57.5V，则可判断一次侧 C 相断线。

2. 电压互感器二次侧断线故障的快速判断

电压互感器二次侧断线故障的判断要分两种情况考虑，一种是二次侧带负荷，另一种是二侧不带负荷。

（1）电压互感器不带负荷时，二次侧断线故障的快速判断方法。电压互感器不带负荷时二次侧断线时，二次侧所测电压数值如表5-2所示。

表5-2　电压互感器二次侧断线二次侧所测得的电压值

二次侧断线相别	接线方式	二次侧电压数值（V）		
		U_{ab}	U_{bc}	U_{ca}
a	V	0	100	0
	Y	0	100	0
b	V	0	0	100
	Y	0	0	100
c	V	100	0	0
	Y	100	0	0

不带负荷的情况下，测量三个二次侧线电压，若有两个为零，一个为100V，则一定是二次侧发生了断线故障。

1）若$U_{bc}=100V$，$U_{ab}=U_{ca}=0$，与a相有关的线电压都为零，则a相断线。

2）若$U_{ca}=100V$，$U_{ab}=U_{bc}=0$，与b相有关的线电压都为零，则b相断线。

3）若$U_{ab}=100V$，$U_{bc}=U_{ca}=0$，与c相有关的线电压都为零，则c相断线。

（2）电压互感器带负荷时，二次侧断线故障的快速判断方法。电压互感器带负荷二次侧断线时，二次侧所测电压数值如表5-3所示。

表 5-3　电压互感器二次侧断线二次侧所测得的电压值

二次侧断线相别	接线方式	二次侧电压数值（V）		
		U_{ab}	U_{bc}	U_{ca}
a	V	0	100	100
	Y	0	100	100
b	V	50	50	100
	Y	50	50	100
c	V	100	0	100
	Y	100	0	100

正常情况下，现场进行计量装置测量时，都是带负荷测量的，这样就可以依据以上数据，快速判断出是哪一相二次侧断线了。若所测值中两个为 50V，一个为 100V，则一定是二次侧发生了断线故障，并且一定是 b 相发生了断线故障。若所测值中有两个为 100V，一个为零，也一定是二次侧发生了断线故障，具体是哪一相还要根据测量数据作进一步分析判断。

1）若 $U_{ab}=0V$，$U_{bc}=U_{ca}=100V$，则二次侧 a 相断线。

2）若 $U_{ab}=U_{bc}=50V$，$U_{ca}=100V$，则二次侧 b 相断线。

3）若 $U_{ab}=U_{ca}=100V$，$U_{bc}=0$，则二次侧 c 相断线。

六、电压互感器极性反接的快速判断

电压互感器二次侧测得的电压数值与互感器的接线方式以及极性是否反接有关，当电压互感器的极性反接时，计量装置将不能正确计量电能。所以，要求在正常的计量装置检查时，能通过相应的技术手段来正确判断电压互感器的极性。

1. 电压互感器为 Vv0 接线方式的极性判断

当电压互感器为 Vv0 接线方式时，只要测得的三个二次侧线电压中有一个为 173V，就说明有极性反接的情况。

(1) 电压互感器为 Vv0 接线时，二次侧 a 相极性反接电压分析。二次侧 a 相极性反接，则二次侧电压 $\dot{U}_{ab}$ 与一次侧电压 $\dot{U}_{AB}$ 反向，接线图如图 5-25 所示。

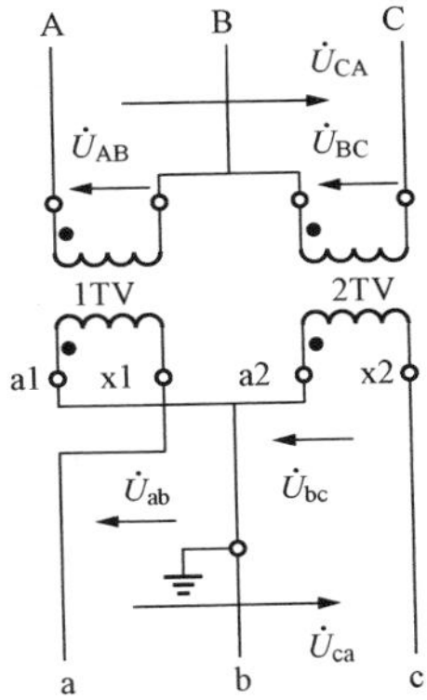

图 5-25 电压互感器二次侧 a 相极性反接

从图 5-25 中可以看出，二次侧因 a 相极性接反，$\dot{U}_{ab}$与$\dot{U}_{AB}$的向量刚好相反，画出一次及二次接线方式图，如图 5-26 所示。

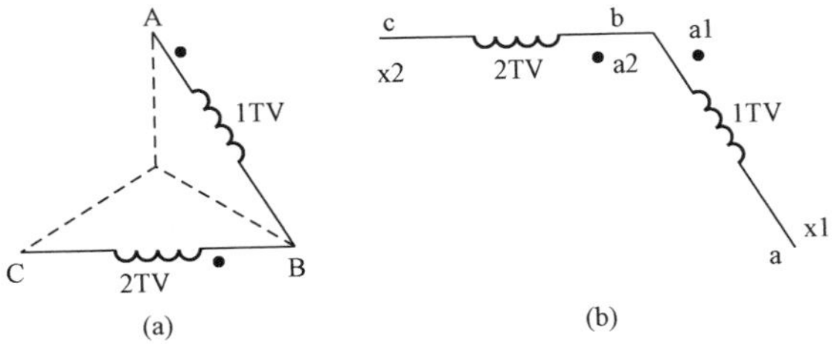

图 5-26 一次侧及二次侧绕组接线方式

(a) 一次侧绕组接线图；(b) 二次侧绕组 a 相极性反接接线图

从一次、二侧绕组接线方式图可以看出，因二次侧 a 相极性接反从而导致二次电压$\dot{U}_{ca}$的向量也发生了变化，画出一次侧及二次侧电压向量图，如图 5-27 所示。

对二次侧电压向量图进行分析可以得出以下结论：$\dot{U}_{ca}=-(\dot{U}_{bc}+\dot{U}_{ab})$，$U_{ca}=\sqrt{3}U_{ab}=173V$，$\dot{U}_{ca}$在相位上落后$\dot{U}_{ab}$150°。

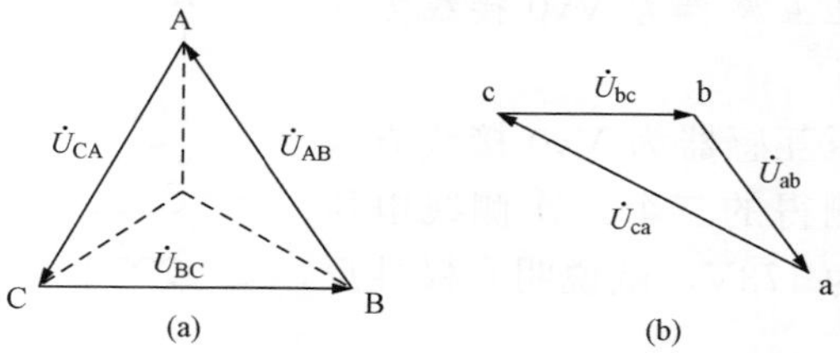

图 5-27　一次侧及二次侧电压向量

（a）一次侧电压向量图；（b）二次侧电压向量图

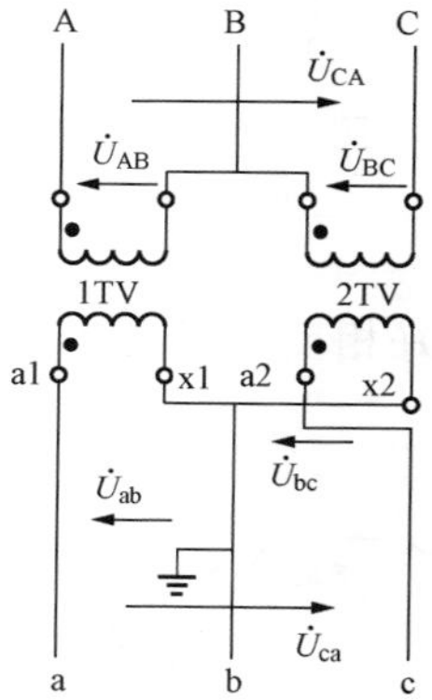

图 5-28　电压互感器二次侧 c 相极性反接

（2）电压互感器为 Vv0 接线时，二次侧 c 相极性反接电压分析。电压互感器二次侧 c 相极性反接时，则二次侧电压 $\dot{U}_{bc}$ 与一次侧电压 $\dot{U}_{BC}$ 反向，接线图如图 5-28 所示。

从图 5-28 中可以看出，二次侧因 c 相极性接反，$\dot{U}_{bc}$ 与 $\dot{U}_{BC}$ 的向量刚好相反，画出一次及二次接线方式图，如图 5-29 所示。

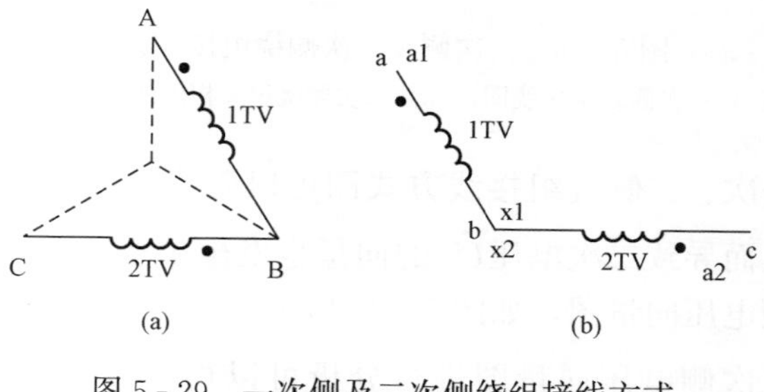

图 5-29　一次侧及二次侧绕组接线方式

（a）一次侧绕组接线图；（b）二次侧绕组 c 相极性反接接线图

从一次、二侧绕组接线方式图可以看出，因二次侧 c 相极性接反从而导致二次电压$\dot{U}_{ca}$的向量也发生了变化，画出一次侧及二次侧电压向量图，如图 5 - 30 所示。

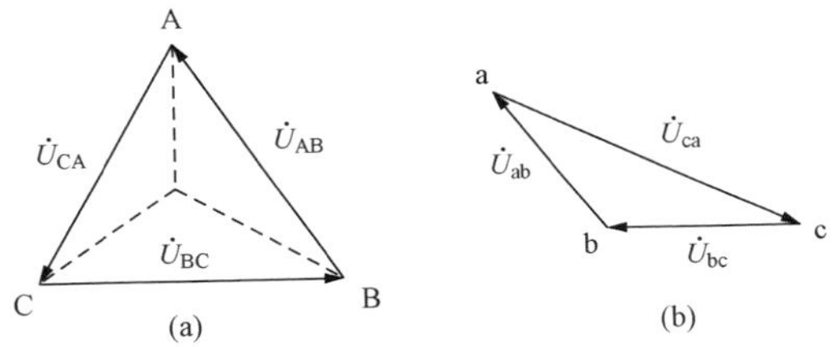

图 5 - 30　一次侧及二次侧电压向量

（a）一次侧电压向量图；（b）二次侧电压向量图

对二次侧电压向量图进行分析可以得出以下结论：$\dot{U}_{ca}=-(\dot{U}_{bc}+\dot{U}_{ab})$，$U_{ca}=\sqrt{3}U_{ab}=173V$，$\dot{U}_{ca}$在相位上落后$\dot{U}_{ab}$150°。

2. 电压互感器为 Yy0 接线方式的极性判断

当电压互感器为 Yy0 接线时，只要测得的三个二次侧线电压中有两个为 57.7V，则说明有极性反接的情况。与反接相有关的线电压为 57.7V，与反接相无关的线电压为 100V。

正常情况下电压互感器 Yy0 接线方式接线图如图 5 - 31 所示。

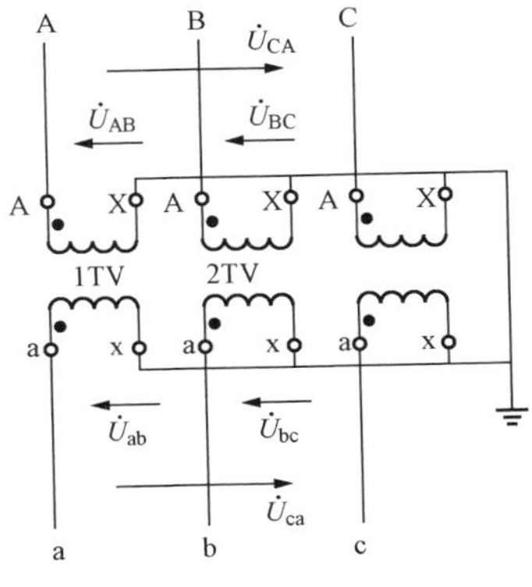

图 5 - 31　电压互感器 Yy0 接线方式接线图

正常情况下，根据图 5 - 31 可以画出电压互感器 Yy0 接线一次侧及二次侧电压向量图，如图 5 - 32 所示。

（1）电压互感器为 Yy0 接线时，二次侧 a 相极性反接电压分析。电压互感器 Yy0 接线二次侧 a 相极性接反的接线方式图，

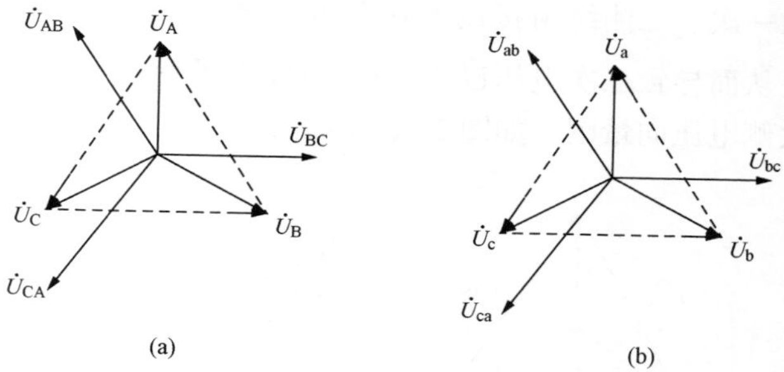

图 5-32　一次侧及二次侧电压向量关系

（a）一次侧电压向量图；（b）二次侧电压向量图

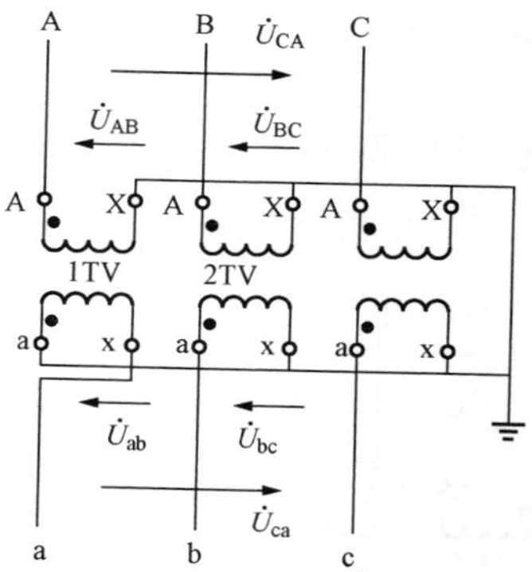

图 5-33　电压互感器二次侧 a 相极性接反

如图 5-33 所示。

根据图 5-33 可以画出一、二次侧电压向量图，如图 5-34 所示。

由图 5-33 可以看出，电压互感器二次侧 a 相绕组极性接反后（二次侧相电压$\dot{U}_a$与一次侧相电压$\dot{U}_A$相位差为 180°），使一次侧线电压$\dot{U}_{AB}$与二次侧线电压$\dot{U}_{ab}$相位差为 90°，且一次侧线电压$\dot{U}_{AB}$滞后二次侧线电压$\dot{U}_{ab}$。同时，二次侧的线电压U_{ab}在数值上等于相电压。即：$U_{ab}=U_{bc}/\sqrt{3}=100/\sqrt{3}=57.7V$。一次侧线电压向量$\dot{U}_{BC}$与二次侧线电压向量$\dot{U}_{bc}$同相；一次侧线电压向量$\dot{U}_{CA}$与二次侧线电压$\dot{U}_{ca}$相差 90°，且$\dot{U}_{CA}$超前$\dot{U}_{ca}$，同时二次侧线电压$U_{ca}$在数值上等于相电压。

画出一次侧、二次侧合在一起的电压向量图，如图 5-35 所示。

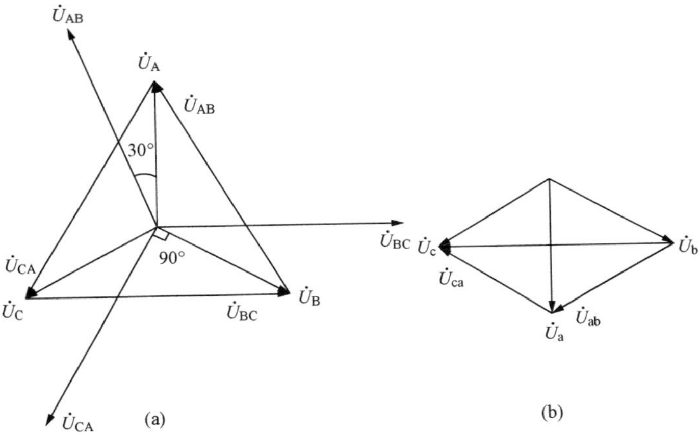

图 5 - 34　一、二次侧电压向量图

（a）一次侧电压向量图；（b）二次侧电压向量图

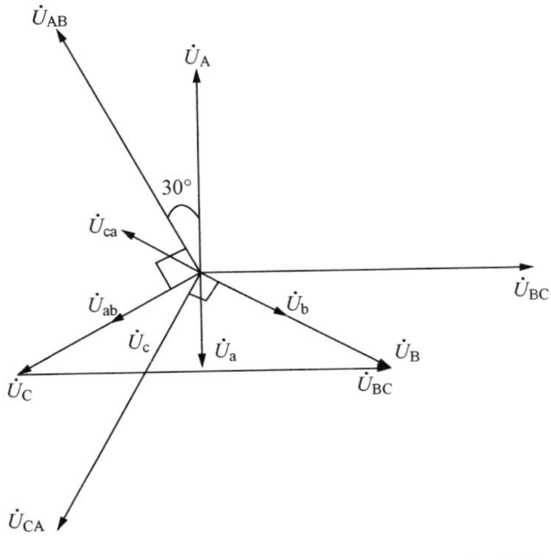

图 5 - 35　一、二次侧合在一起的电压向量关系

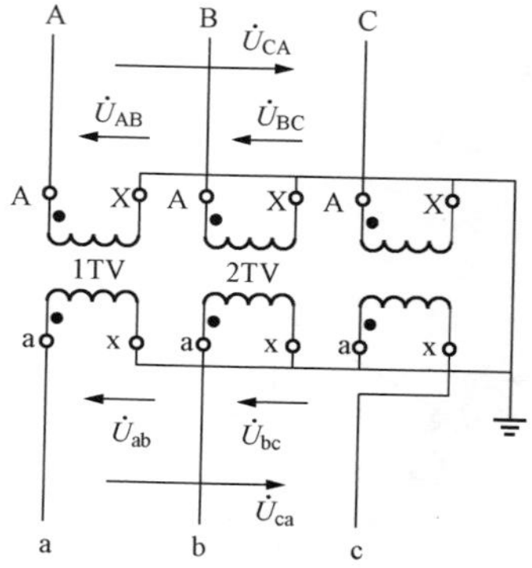

图 5 - 36　二次 c 相绕组极性接反

从以上分析可以得出结论：假若测得二次电压值 $U_{ab}=100/\sqrt{3}=57.7V$，$U_{bc}=100V$，$U_{ca}=100/\sqrt{3}=57.7V$，则判断出电压互感 A 相一次侧或二次侧极性接反。

（2）电压互感器为 Yy0 接线时，二次侧 c 相极性反接电压分析。电压互感器 Yy0 接线二次侧 c 相极性接反的接线方式图，如图 5 - 36 所示。

根据图 5 - 36 画出一、二次侧电压向量图，如图 5 - 37 所示。

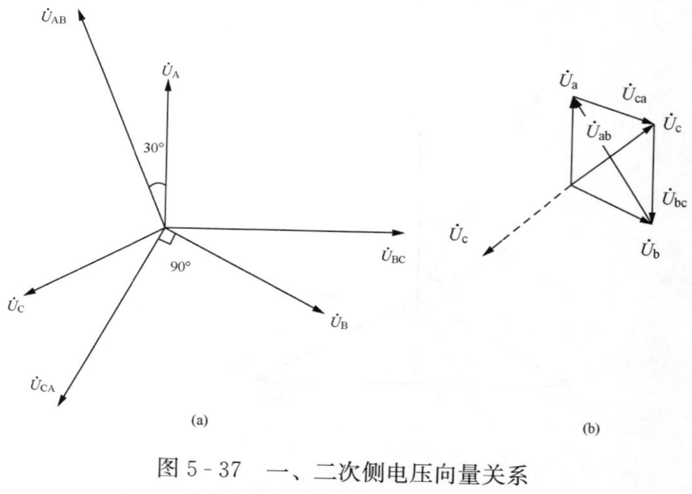

图 5 - 37　一、二次侧电压向量关系

（a）一次侧电压向量图；（b）二次侧电压向量图

从图 5 - 37 中可以看出，一次侧电压向量 $\dot{U}_{AB}$ 与二次侧电压向量 $\dot{U}_{ab}$ 同相，一次侧电压向量 $\dot{U}_{BC}$ 与二次侧电压向量 $\dot{U}_{bc}$ 相差

90°，且$\dot{U}_{BC}$超前$\dot{U}_{bc}$，一次侧电压向量$\dot{U}_{CA}$与二次侧电压向量$\dot{U}_{ca}$相差 90°，且$\dot{U}_{CA}$滞后$\dot{U}_{ca}$。二次侧线电压$\dot{U}_{bc}$及$\dot{U}_{ca}$在量值上等于相电压，即 $U_{ca}=U_{bc}=100/\sqrt{3}=57.5V$。

画出一次侧、二次侧合在一起的电压向量图，如图 5 - 38 所示。

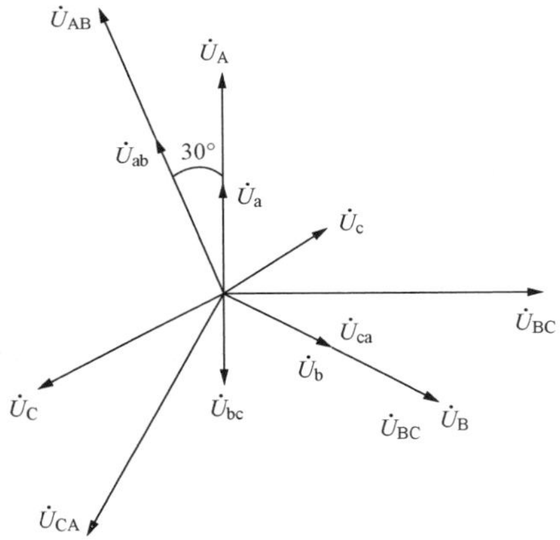

图 5 - 38　一、二次侧合在一起的电压向量关系

从以上分析可以得出结论：假若测得二次电压值 $U_{ab}=100V$，$U_{bc}=100/\sqrt{3}=57.7V$，$U_{ca}=100/\sqrt{3}=57.7V$，则可判断出电压互感 C 相一次侧或二次侧极性接反。

电压互感器二次侧 B 相接反，在此不再叙述。

七、电压互感器中性点的快速判断

电力系统中的电压互感器和电流互感器，其二次侧均应进行安全接地，在变电站多采用中性点接地；在发电厂为简化同期系统多采用 b 相接地；用户一般为 b 相接地。

1. 确定计量装置是否有接地点

确定计量装置有否安全接地点，可将电压表（或万用表电压挡）的一端接地，另一端分别接向电能表尾端的三个电压端子。

（1）若电压表三次均指示零，则说明无安全接地（无论 Vv0 接线方式还是 Yy0 接线方式）。

（2）若电压表两次指示 100V，一次指示零，则说明指零的一相接地，且接地相大多是 b 相。

（3）若电压表三次均指示 57.7V，则说明三相电压互感器是 Y 形接线方式，且二次侧是在中性点接地。

2. 确定电能表尾端接线端子 b 相的方法

在检查有否接地时已初步能确定出 b 相。为了进一步确定接至电能表电压端子的相别，可采用下列几种方法。

（1）将电压表的一个端头接向已知相别的其他仪表的 b 相端子，电压表的另一端头依次接向电能表的三个电压端子，则电压表指示零的一相便是 b 相。

（2）若已知电压互感器二次侧 b 相端子，可将电压表的一个端头通过足够长的导线接向电压互感器的 b 相端子，电压表的另一端头依次接向电能表的三个电压端子，则电压表指示零的一相即为 b 相。

3. 举例分析

【例 5-1】 当三相三线制有功电能计量装置的电压互感器 Vv0 连接方式时，二次有一相断线，其情况如图 5-39 所示。电压互感器二次侧额定电压为 100V，如果用电压表测量二次侧线电压 U_{12}、U_{23}、U_{31}，在二次侧空载和带负载两种情况下，电压值各为多少？

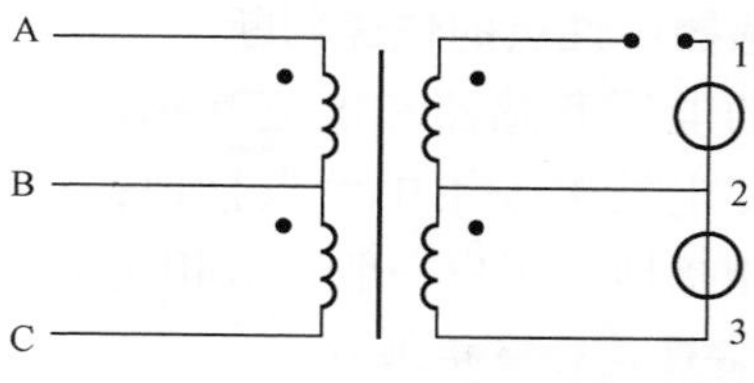

图 5-39 电压互感器接线方式

解 根据题图 5-39 可知，当电压互感器二次侧空载时：

$U_{12}=0V$，$U_{31}=0V$（电压 1 点相当于绝缘点），$U_{23}=100V$

当电压互感器接有负载时：

$U_{12}=0V$，$U_{31}=100V$，$U_{23}=100V$（1、2 两点相当于等电位点）

【例 5-2】 有一电能计量装置如图 5-40 所示，为 Y/y_0 接线。

（1）如果测得 $U_{ab}=57.7V$，$U_{ac}=57.7V$，$U_{bc}=100V$，那么电能计量装置的故障出在哪里？

（2）如果测得 $U_{ab}=57.7V$，$U_{bc}=57.7V$，$U_{ac}=100V$，那么故障又出在哪里？

解 （1）因 $U_{ab}=57.7V$，$U_{ac}=57.7V$，与 a 相相关联的线电压均为 $100/\sqrt{3}=57.7V$，即与 a 相相关联的线电压值均变成了相电压，故可以判断出一次侧 A 相保险熔断。

（2）同理，因 $U_{ab}=57.7V$，$U_{bc}=57.7V$，与 b 相相关联的线电压均为 $100/\sqrt{3}=57.7V$，故即可判断出高压 B 相一次保险熔断。

【例 5-3】 一电能计量装置如图 5-41 所示。

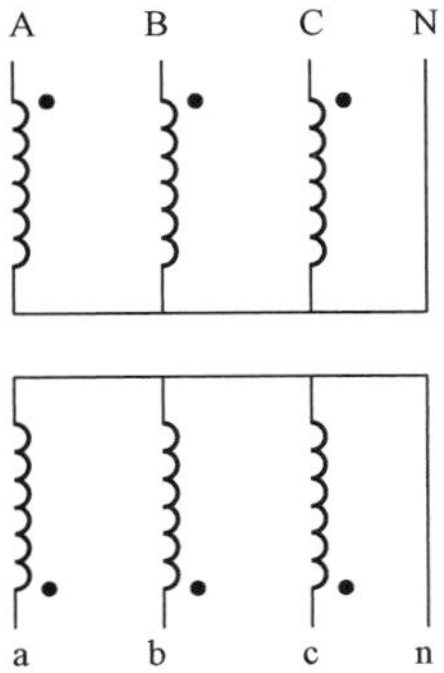

图 5-40 电压互感器接线方式

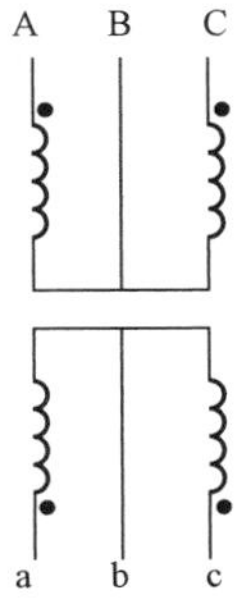

图 5-41 电压互感器接线方式

（1）如果测得二次侧电压 $U_{ab}=0V$，$U_{ac}=0V$，$U_{bc}=100V$，那么电能计量装置的故障出在哪里？

（2）如果测得二次侧电压 $U_{ab}=100V$，$U_{bc}=100V$，$U_{ac}=173V$，那么电能计量装置的故障出在哪里，请用向量图说明。

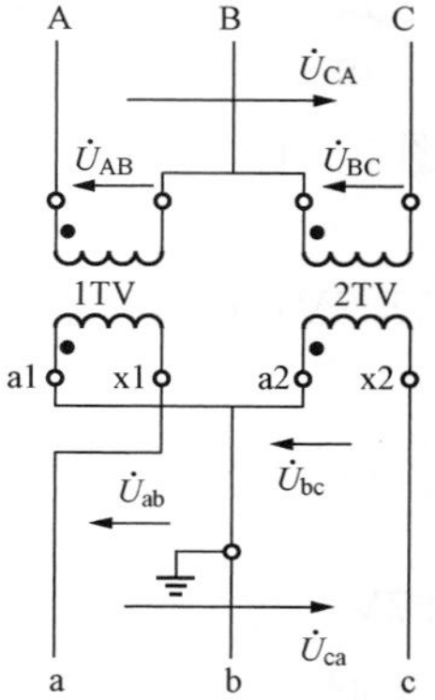

图 5-42　电压互感器的接线图（A 相二次侧极性接反）

解　（1）由测得的二次电压值：$U_{ab}=0V$，$U_{ac}=0V$，$U_{bc}=100V$，可以判断出计量装置电压互感器二次侧 a 相断线，并且是在二次侧为空载的情况下。若电压互感器二次侧带负载时，则 U_{ac} 将不再是 0V，而是 $U_{ac}=U_{bc}=100V$。

（2）因 $U_{ac}=173V$，即可确定 A 相或 C 相一次或二次极性接反。假设 A 相二次侧极性接反，电压互感器的接线图如图 5-42 所示。

因电压互感器二次侧因 a 相极性接反，则二次侧电压 $\dot{U}_{ab}$ 的向量刚好与一次侧电压 $\dot{U}_{AB}$ 相反，画出一次及二次接线方式图，如图 5-43 所示。

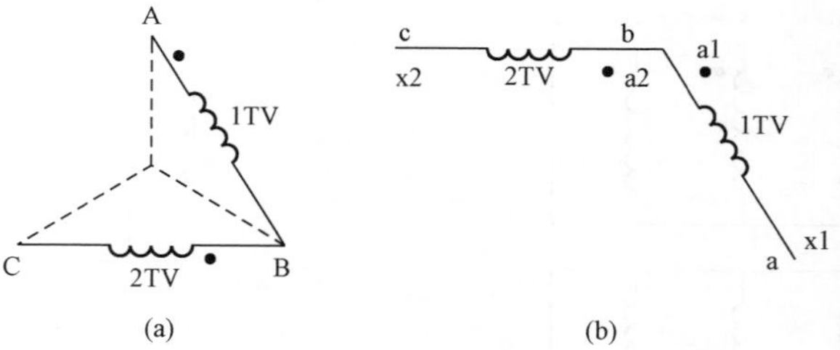

图 5-43　一次及二次接线方式

（a）一次侧接线；（b）二次侧接线

从图 5-43 可以看出，因二次侧 a 相极性接反，从而导致 $\dot{U}_{ac}$ 的向量也发生了变化，画出电压互感器一次侧、二次侧电压向量图，如图 5-44 所示。

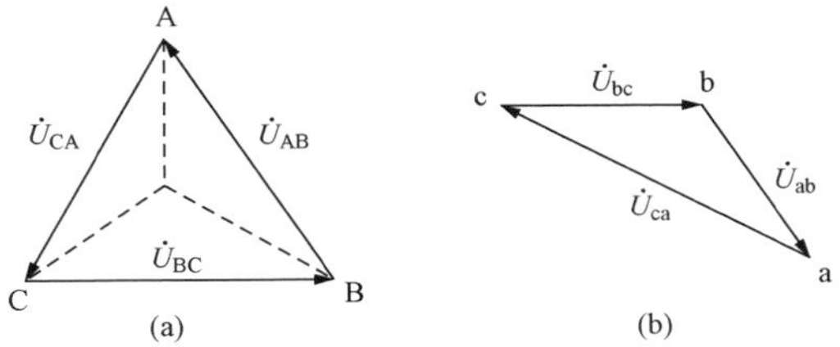

图 5 - 44　一次侧、二次侧电压向量关系

（a）一次侧电压向量图；（b）二次侧电压向量图

分析二次侧电压向量图，可以得出这样的结论，即 $U_{ca}=\sqrt{3}U_{ab}$，在相位上$\dot{U}_{ca}$落后$\dot{U}_{ab}$ 150°。

【例 5 - 4】 有一电能计量装置如图 5 - 45 所示。

（1）如果测得二次侧电压 $U_{ab}=0V$，$U_{bc}=0V$，$U_{ac}=100V$，那么电能计量装置的故障出在哪里？

（2）如果测得二次侧电压 $U_{ab}=57.7V$，$U_{bc}=100V$，$U_{ac}=57.7V$，那么计量装置的故障出在哪里，请用向量图说明。

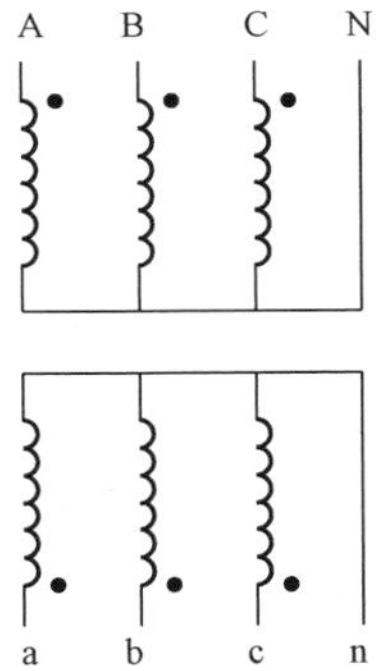

图 5 - 45　电压互感器接线方式

解　（1）因电压互感器是 Y_0/y_0 接线，二次侧测得电压 $U_{ab}=0V$，$U_{bc}=0V$，而 $U_{ac}=100V$，与 b 相关联的电压均为零，故可判断二次侧 b 相断线，并且是在电压互感器空载的情况下所测得的电压。如果是在带负荷的情况下，则 $U_{ab}=50V$，$U_{bc}=50V$，$U_{ac}=100V$。

（2）由 $U_{ab}=57.7V$，$U_{ac}=57.7V$ 可知，与 a 相关联的线电压均为相电压值，则可判断 A 相一次侧或二次侧极性接反。

假设电压互感器二次侧 a 相极性接反，其向量图如图 5 - 46 所示。

由向量图 5-46 可知，$U_{ab}=57.7V$，$U_{bc}=100V$，$U_{ac}=57.7V$。如果是$U_{ab}=100V$，$U_{bc}=57.7V$，$U_{ac}=57.5V$，则是二次侧 c 相极性接反。其向量图如图 5-47 所示。

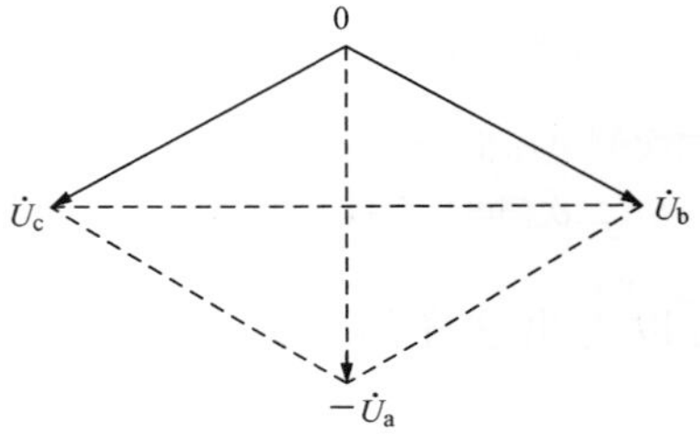

图 5-46　电压互感器二次侧 a 相极性接反电压向量关系

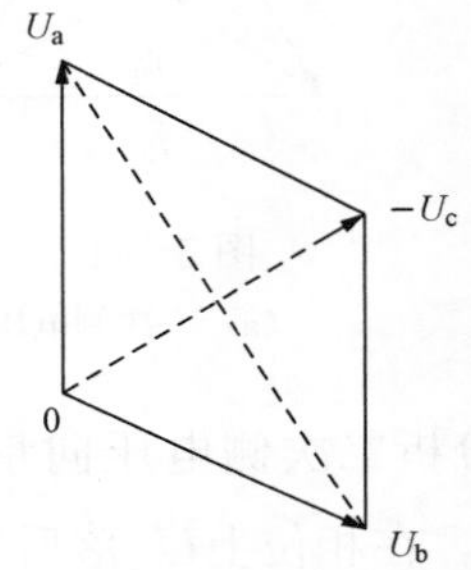

图 5-47　电压互感器二次侧 c 相极性接反电压向量关系

第二节　电流互感器错误接线的快速判断方法

一、电流互感器二次回路接地点检查

电流互感器二次回路接地点检查可分为不带电检查与带电检查两种情况。

（1）不带电检查。不带电直接查找接地点。

（2）带电检查。带电检查电流互感器二次侧接地点，可以用带夹子的一根短路导线来确定，即将导线一端的夹子接地，另一端依次夹电能表的电流端钮，根据电能表转速发生的变化，判断接地点的正确性。

二、电流互感器的极性检查

电流互感器的极性检查包括停电检查和带电检查两种。一般情况下大部分采用带电检查，当带电检查无法判断接线正确性或需进一步核实带电检查的结果以及带电检查危及用电检查人员人身安全时，才进行停电检查。

1. 停电检查

电流互感器的极性是指一次电流和二次电流在同一瞬时的电流方向：相反为减极性，相同为加极性，电流互感器均按减极性接线。电流互感器的减极性接线方式如图 5-48 所示。

电流互感器的极性判断一般常用“直流法”。用直流法确定互感器极性，其测量接线方式如图 5-49 所示。

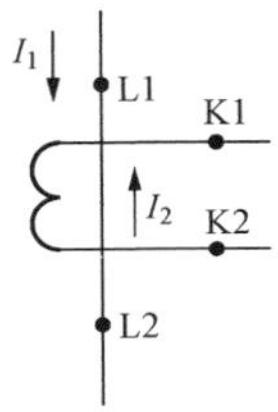

图 5-48　电流互感器的减极性接线方式

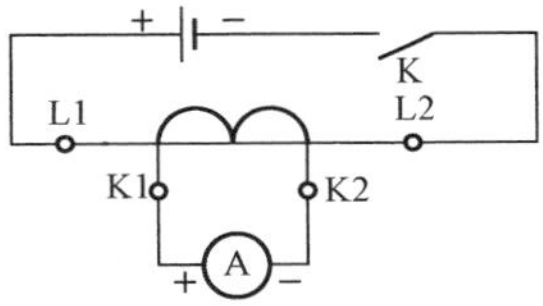

图 5-49　直流法确定互感器极性测量接线方式

具体操作方法为：确定电流互感极性时，将适当小量程的直流电流表正负极接至电流互感器二次出线端，一次加 1.5V 直流电源，使对应端正负相同。当开关 K 接通电源瞬间，电流表指针向正方向偏转则线圈极性为减极性，即图 5-49 中极性标志正确，反之为加极性，即图 5-49 中极性标志不正确。当开关 K 断开电源瞬间，电流表指针偏转方向与接通时相反，也说明图 5-49中极性标志正确。

2. 带电检查

用钳形电流表依次测量各相二次电流，正常情况下，各相的电流值应接近相等（特殊负载情况例外）。

（1）电流互感器 Vv0 接线时，用钳形电流表分别测量电能表尾 $\dot{I}_a$、$\dot{I}_c$、$\dot{I}_n$的电流值，如果 $\dot{I}_a$和 $\dot{I}_c$电流值相近，而 $\dot{I}_a$和 $\dot{I}_c$两相电流合并后测试值为单独测试时电流的$\sqrt{3}$倍，则说明其中有一相电流互感器的极性接反了（对于电流互感器二次分相连接的，测量 $\dot{I}_n$时应将电流的回线合并一起）；若三相电流值接近相等，说明电流互感器极性正确或均反接；如果有一相电流值接近零时，则说明该相电流回路存在断线或短路。

（2）电流互感器 Y/y_0 接线时，若各相电流值相近，而三相电流合并后测得值为单独测试时的电流的 2 倍，则说明其中有一相电流互感器的极性接反了。

三、电流互感器二次回路断线或短路的快速判断

1. 带负荷时的力矩分析法

检查三相三线制有功电能表两元件电流回路有无断线或短路，可依次断开 a 相和 c 相电压端子的引线，如果圆盘继续旋转，说明接线正确，无断线或短路。

如果断开 a 相电压端子引线后圆盘不转，说明 c 相电流互感器二次回路有断线或短路。如果断开 c 相电压端子引线后圆盘不转，说明 a 相电流互感器二次回路有断线或短路。

采用上述方法应注意，当负载功率因数为 0.5 时（即 $\varphi=60°$），电能表第一组元件正常情况下就无转矩（圆盘不转）。为防止误判断，可在断开 c 相电压的同时，用 c 相电压代替 a 相电压，若圆盘仍不转才说明 a 相电流回路有断线或短路；若圆盘有明显反转，则说明 a 相电流回路无断线或短路。

2. 直接测量法

用钳形电流表测量二次回路的每根导线，若有电流值为零，则说明电流回路有断线。

四、电流互感器 Vv0 接线方式分析

1. 电流互感器 Vv0 正确接线方式及向量图

电流互感器 Vv0 正确接线方式如图 5 - 50 所示。

结合图 5 - 50 可以画出电流互感器一次侧、二次侧电流向量图，如图 5 - 51 所示。

从图 5 - 51 中可看出二次侧电流的关系：$\dot{I}_n=\dot{I}_a+\dot{I}_c$，$\dot{I}_b=-\dot{I}_n$。

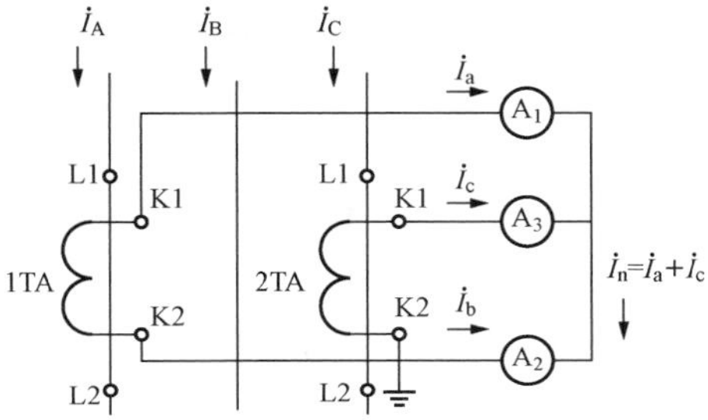

图 5-50　电流互感器 Vv0 正确接线方式

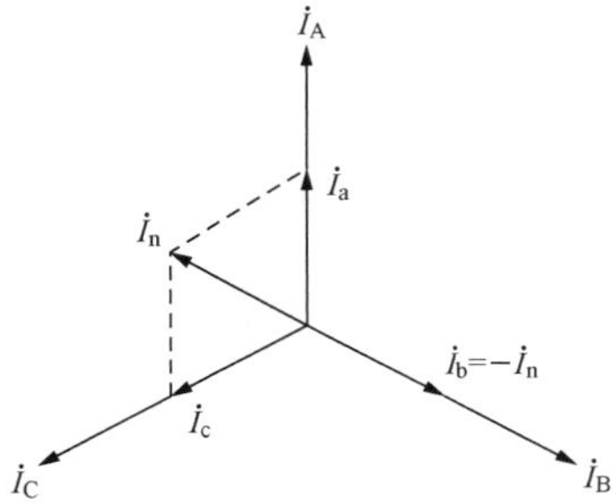

图 5-51　一次侧、二次侧电流向量关系

2. Vv0 接线方式电流互感器二次侧 a 相电流反极性分析

Vv0 接线方式电流互感器二次侧 a 相电流反极性接线图如图 5-52 所示。

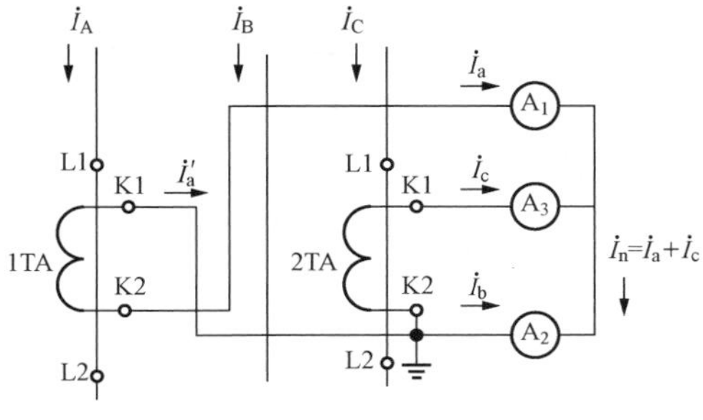

图 5-52　Vv0 接线方式电流互感器二次侧 a 相电流反极性接线

结合图 5-52 可以画出电流互感器一次侧、二次侧电流向量图，如图 5-53 所示。

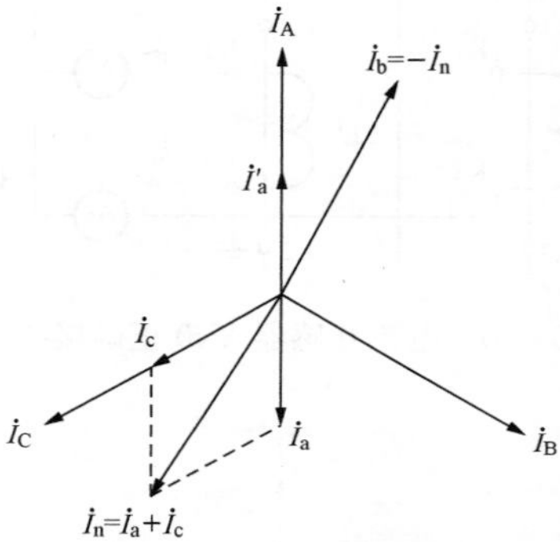

图 5-53　电流互感器二次侧 a 相电流反极性接线电流向量关系

从图 5-53 中可看出二次侧电流的关系：$\dot{I}_n=\dot{I}_a+\dot{I}_c$，$\dot{I}_b=-\dot{I}_n$。

3. Vv0 接线方式电流互感器 A 相、C 相一次侧电流反极性

Vv0 接线方式电流互感器 A 相、C 相一次侧电流反极性接线图如图 5-54 所示。

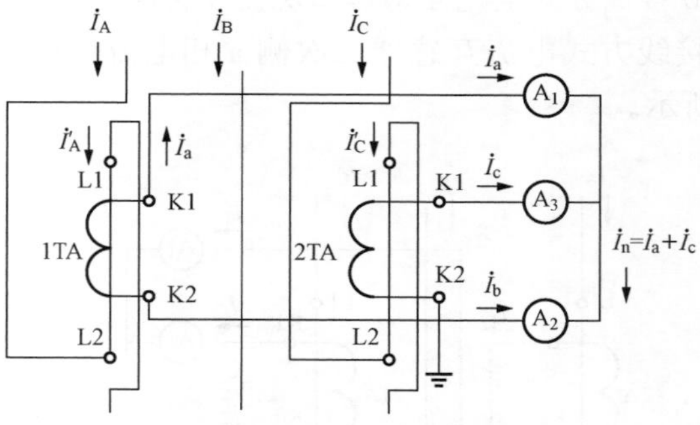

图 5-54　Vv0 接线方式电流互感器 A 相、C 相一次侧电流反极性接线

根据图 5 - 54 接线方式图画出电流互感器一次侧、二次侧电流向量图，如图 5 - 55 所示。

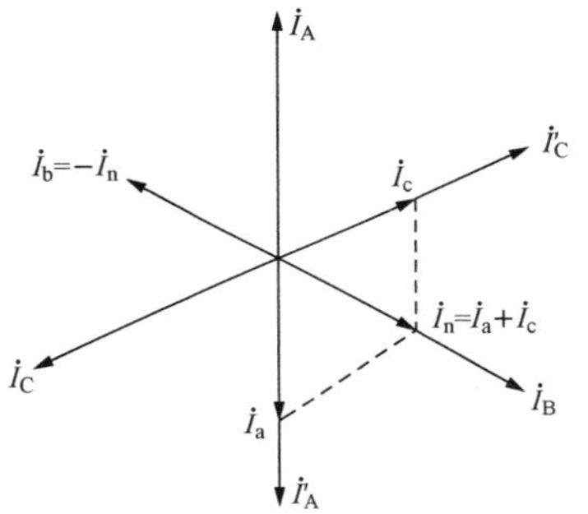

图 5 - 55　电流互感器 A 相、C 相一次电流反极性接线电流向量关系

从图 5 - 55 可以看出二次侧电流的关系：$\dot{I}_n=\dot{I}_a+\dot{I}_c$，$\dot{I}_b=-\dot{I}_n$。

4. Vv0 接线方式电流互感器中性线断线的快速判断

正常运行时，电流互感器的二次侧 a、c、n 相分别有电流，$\dot{I}_a$、$\dot{I}_c$、$\dot{I}_n$幅值基本相等，$\dot{I}_n$滞后 $\dot{I}_c$ 60°，$\dot{I}_a$滞后 $\dot{I}_n$ 60°（$\dot{I}_n$实际上为$-\dot{I}_b$相）。

中性线共用部分线断线时，用钳型电流表测得中性线无电流。中性线共用部分线路断线示意图如图 5 - 56 所示。

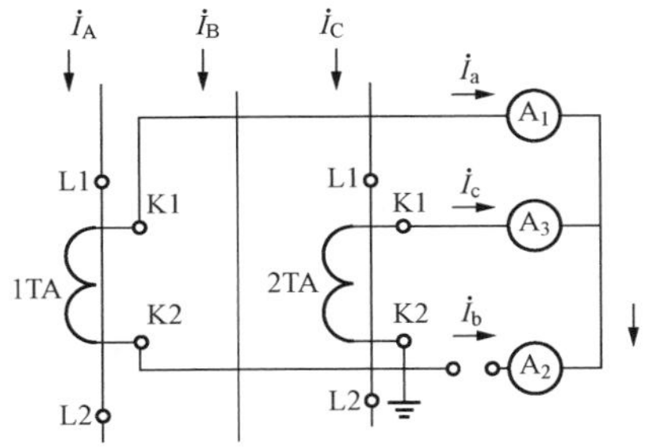

图 5 - 56　中性线共用部分线断线接线方式

共用接地线开路时，电能表两元件电流线圈串联在一起，其回路阻抗增加一倍，电能表两元件电流线圈实际承受的电流为：

电能表电流线圈的第一元件电流在量值上为$\frac{1}{2}I_{ac}$；

电能表电流线圈的第二元件电流在量值上为$\frac{1}{2}I_{ca}$。

各电流的向量关系如图 5-57 所示。

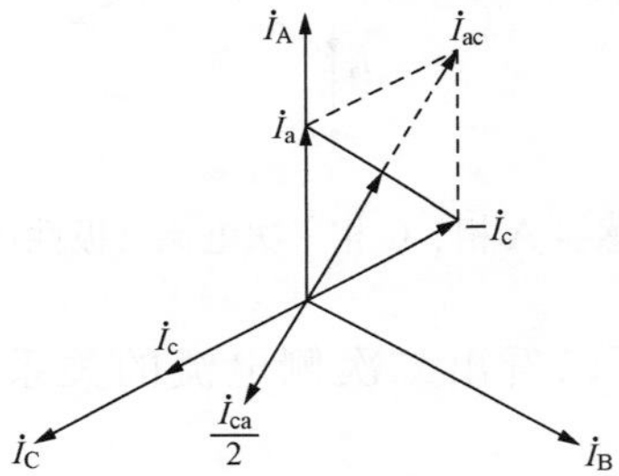

图 5-57　一、二次侧电流向量关系

五、电流互感器 Yy0 接线方式分析

1. 电流互感器 Yy0 接线正确接线方式及向量图

电流互感器 Yy0 正确接线方式如图 5-58 所示。

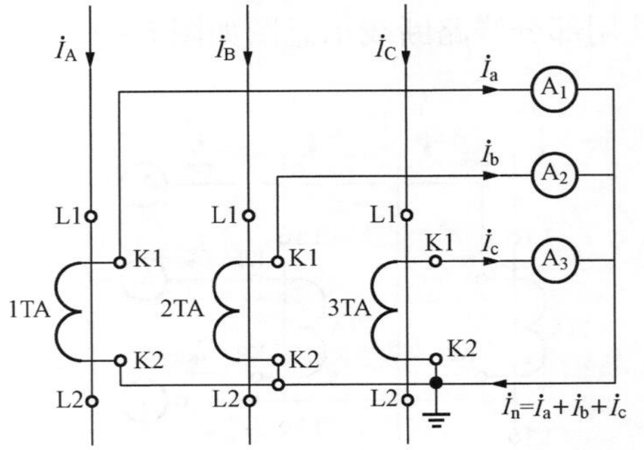

图 5-58　电流互感器 Yy0 正确接线方式

结合图 5 - 58 可以画出电流互感器一次侧、二次侧电流向量图，如图 5 - 59 所示。

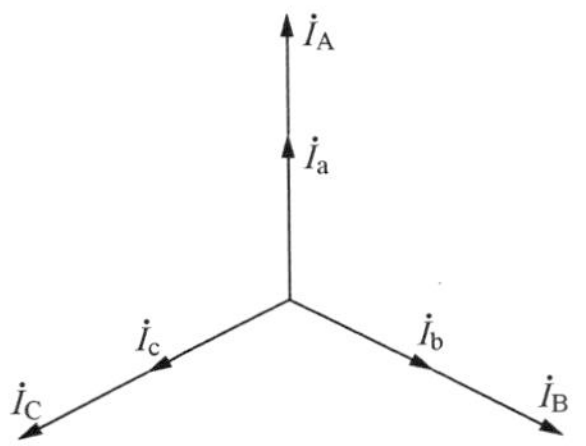

图 5 - 59　一次侧、二次侧电流向量关系

从图 5 - 59 中可以看出二次侧电流关系：$\dot{I}_n = \dot{I}_a + \dot{I}_b + \dot{I}_c$，$\dot{I}_n$是三相电流零序分量之和，而每一相的零序电流 $\dot{I}_0 = \frac{1}{3}\dot{I}_n$。当三相负载对称时，$I_n = 0$。

2. Yy0 接线方式电流互感器二次侧 c 相电流反极性分析

Yy0 接线方式电流互感器二次侧 c 相电流反极性分析接线图如图 5 - 60 所示。

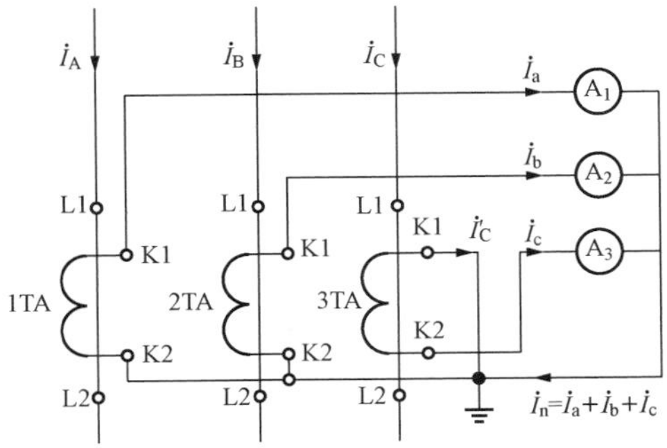

图 5 - 60　Yy0 电流互感器二次侧 c 相电流反极性接线

结合图 5 - 60 可以画出电流互感器一次侧、二次侧电流向量图，如图 5 - 61 所示。

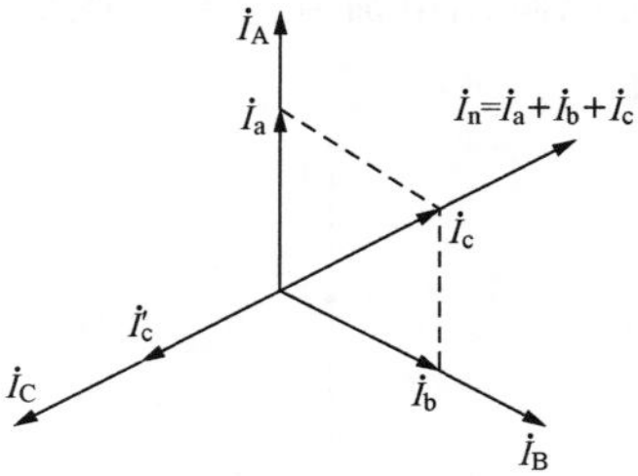

图 5-61　电流互感器二次侧 c 相电流反极性接线电流向量关系

3. Yy0 接线方式电流互感器中性线断线分析

Yy0 接线方式电流互感器中性线断线接线如图 5-62 所示。

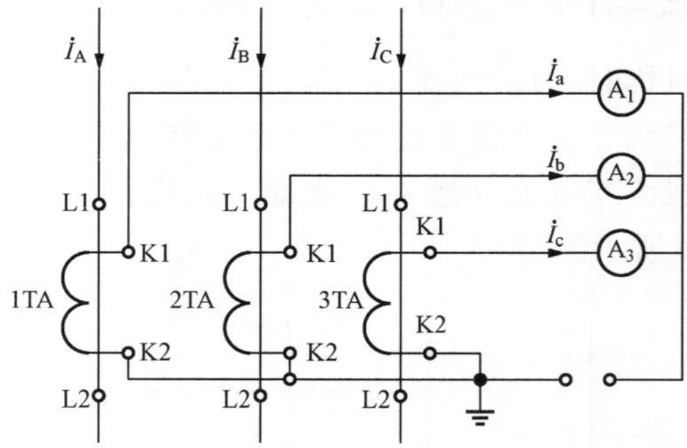

图 5-62　Y/y_0 接线方式电流互感器中性线断线接线

因 $\dot{I}_n=\dot{I}_a+\dot{I}_b+\dot{I}_c$，而每一相的零序电流 $\dot{I}_0=\frac{1}{3}\dot{I}_n$。当电流互感器二次侧中性线断线时，零序电流得不到流通，这时电流互感器二次回路把电流的零序分量给虑掉了，只要把各相电流中的零序分量减去，就是流过电能表的电流 $\dot{I}_d$。其关系式为：$\dot{I}_{da}=\dot{I}_a-\dot{I}_0$，$\dot{I}_{db}=\dot{I}_b-\dot{I}_0$，$\dot{I}_{dc}=\dot{I}_c-\dot{I}_0$，亦即：$\dot{I}_{da}=\dot{I}_a-\frac{1}{3}\dot{I}_n$，$\dot{I}_{db}=\dot{I}_b-\frac{1}{3}\dot{I}_n$，$\dot{I}_{dc}=\dot{I}_c-\frac{1}{3}\dot{I}_n$。

当三相负载对称时，$\dot{I}_n=\dot{I}_a+\dot{I}_b+\dot{I}_c=0$，所以 $\dot{I}_{da}=\dot{I}_a$，$\dot{I}_{db}=\dot{I}_b$，$\dot{I}_{dc}=\dot{I}_c$。

电流关系向量图如图 5-63 所示。

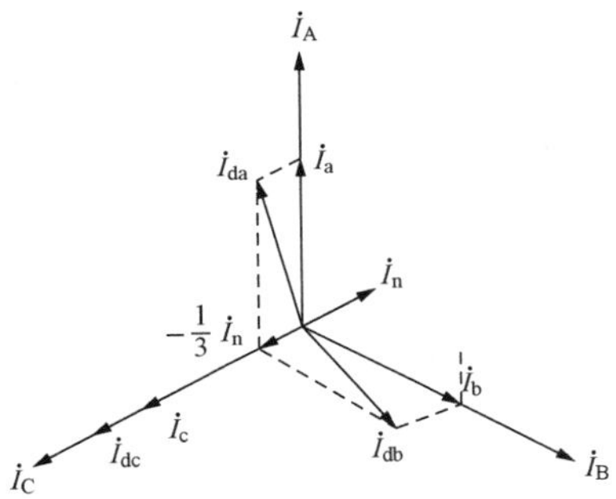

图 5-63　一、二侧电流向量关系

4. Yy0 接线方式电流互感器二次侧 c 相电流反极性，且中性线断线分析

电流互感器 Yy0 接线二次侧 c 相电流反极性，且中性线断线接线方式如图 5-64 所示。

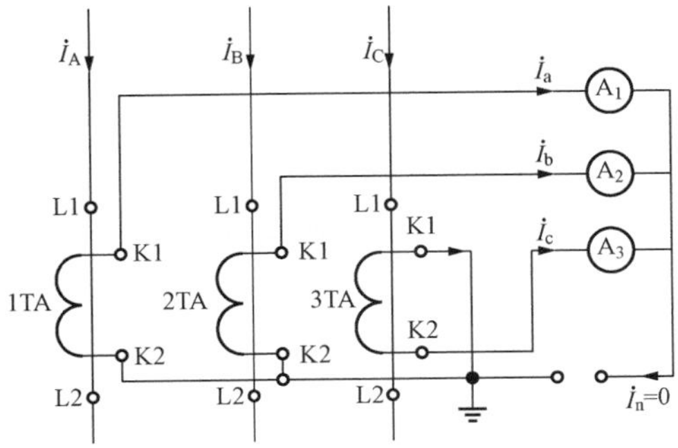

图 5-64　Yy0 接线方式电流互感器二次侧 c 相电流反极性且中性线断线接线方式

三相负载对称时，$\dot{I}_a+\dot{I}_b+\dot{I}_c=0$，当电流互感器二次侧 c

相极性接反时，$\dot{I}_n=\dot{I}_a+\dot{I}_b+(-\dot{I}_c)=-2\dot{I}_c$。经过电能表的电流为：$\dot{I}_{da}=\dot{I}_a-\frac{1}{3}\dot{I}_n=\dot{I}_a+\frac{2}{3}\dot{I}_c$，$\dot{I}_{db}=\dot{I}_b-\frac{1}{3}\dot{I}_n=\dot{I}_b+\frac{2}{3}\dot{I}_c$，$\dot{I}_{dc}=(-\dot{I}_c)-\frac{1}{3}\dot{I}_n=-\dot{I}_c+\frac{2}{3}\dot{I}_c=-\frac{1}{3}\dot{I}_c$。

结合图 5 - 64，可以画出电流互感器一次侧、二次侧电流向量图，如图 5 - 65 所示。

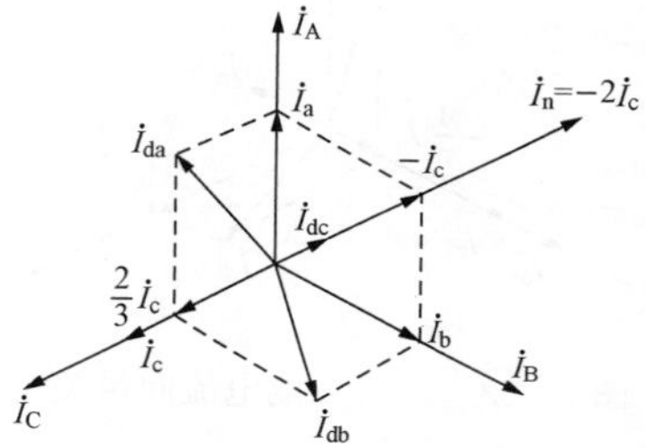

图 5 - 65　电流互感器二次侧 c 相电流反极性且中性线断线电流向量关系

六、举例分析

【例 5 - 5】 有一电流互感器 Vv0 接线，接线图如图 5 - 66 所示，若二次侧 a 相极性接反，那么，$\dot{I}_a$、$\dot{I}_b$、$\dot{I}_c$存在什么样的关系？用向量图加以说明。

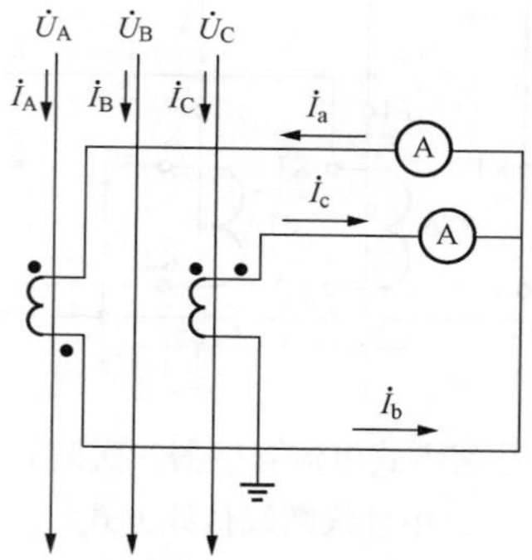

图 5 - 66　电流互感器 Vv0 接线二次侧 a 相极性接反

解　根据图 5 - 66 画出电流向量图，因二次侧 a 相极性接反，故电流向量图中的 $\dot{I}_a$ 应反方向画出，向量图如图 5 - 67 所示。

由向量图 5 - 67 可以看出，$-\dot{I}_a$、$\dot{I}_c$ 的合成电流 $\dot{I}_{ca}$ 也即是 $\dot{I}_b$ 的电流，由此可得出他们的电流关系：$I_b=\sqrt{3}I_a=\sqrt{3}I_c$。

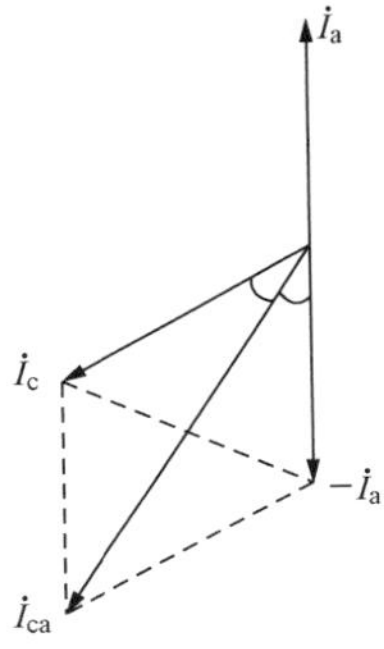

图 5 - 67　二次侧电流向量关系

【例 5 - 6】　有一电流互感器 Vv0 接线，接线图如图 5 - 68 所示，若二次侧 c 相极性接反，那么，$\dot{I}_a$、$\dot{I}_b$、$\dot{I}_c$ 存在什么样的关系？用向量图加以说明。

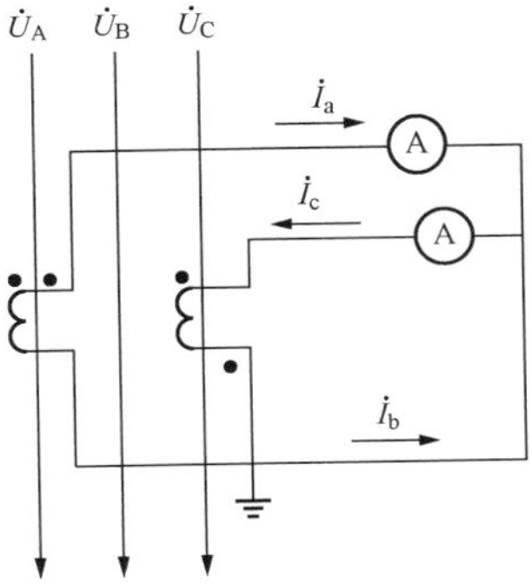

图 5 - 68　电流互感器 Vv0 接线二次侧 c 相极性接反

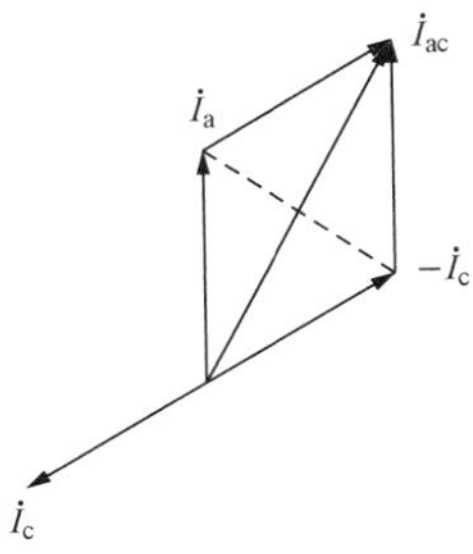

图 5 - 69　二次电流向量关系

解　根据图 5 - 68 画出电流向量图，因二次侧 c 相极性接反，故电流向量图中的 $\dot{I}_c$ 应反方向画出，向量图如图 5 - 69 所示。

由向量图 5 - 69 可以看出，$\dot{I}_a$、$-\dot{I}_c$ 的合成电流 $\dot{I}_{ac}$ 也即是 $\dot{I}_b$ 的电流，由此可得出他们的电流关系：$I_b=\sqrt{3}I_a=\sqrt{3}I_c$。

【例 5-7】 有一电流互感器 Vv0 接线，接线图如图 5-70 所示，若二次侧 a 相断线，那么，$\dot{I}_a$、$\dot{I}_b$、$\dot{I}_c$存在什么样的关系？用向量图加以说明。

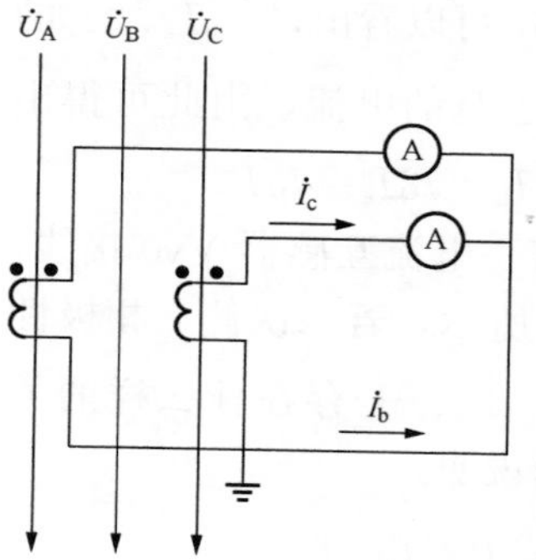

图 5-70 电流互感器 Vv0 接线二次侧 a 相断线

解 根据图 5-70 画出电流向量图，因二次侧 a 相断线，故二次侧电流 $\dot{I}_a$ 则等于零，其向量图如图 5-71 所示。

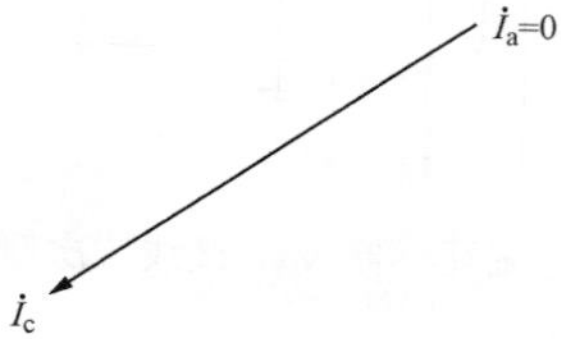

图 5-71 电流互感器 Vv0 接线二次侧 a 相断线电流向量关系

由向量图 5-71 可以看出，因 $\dot{I}_a=0$，$\dot{I}_c$也即是 $\dot{I}_b$的电流，由此可得出他们的电流关系。同理，假若电流互感器二次侧 c 相断线，则二次侧电流的关系为：$I_c=0$，$I_b=I_a$。

第六章

电能表常见错误接线电量更正分析

在结算电费时电能表电能是关系到供用双方经济利益的大问题。发现电能计量装置接线错误时，必须立即进行接线及电能更正。当供电企业与用户因错误接线引起了计量纠纷时，电能的更正更是关系到纠纷的调解。

通过错误接线的向量分析，推导出电能表错误接线时所反映的电能（功率）表达式，进而计算出更正系数，最终达到从错误计量结果中求出实际电能数，使之通过电能更正，基本达到合理的弥补，使单位和个人免受因电能表错误接线引起的经济损失。

第一节　错误接线方式下电量的更正方法

错误接线方式下电量的正确更正是基于对错误接线和向量图的正确分析。因此，当发现电能表出现错误接线时，应如实绘出错误接线图，同时进行电源相序检测和功率因数测定（或根据有功电能和无功电能计算出平均功率因数），了解错误接线发生的时间，这些是进行电能更正系数计算的重要条件。电能表除不转的错误接线，按错误接线前的平均用电量参考进行退补外，其他性质的错误接线都应通过更正系数更正电能量。

一、更正系数的计算

更正系数是电能表正确接线时与错误接线时所计电量之比，更正系数通常用 G_x 来表示

$$G_x=\frac{P}{P'}$$

式中　P——正确接线所反映的功率（电能）；

P'——错误接线时所反映的功率（电能）。

更正系数 G_x 为正值时，表示电能表正转，更正系数 G_x 为负值时，表示电能表反转。

错误接线期间，无论电能表正转或反转，如果都记录并结算了客户使用的电能，式中的 G_x 应取绝对值，否则需视具体情况进行分析。

二、电能量退补的确定

由于电力先使用后结算的商品属性，在实际工作中，如果用户电能表发生计量差错，按照规定，用户应先按抄见电量（或正常月用电量）如期交纳电费，然后再进行退补电量。因此，退补电量等于实际电量减去错误接线时电能表所计电量。追退电量 ΔP 表达为

$$\Delta P = P - P' = G_x P' - P' = (G_x - 1)P'$$

当 ΔP 值为正值时，应对用户追补电量；当 ΔP 值为负值时，应对用户退补电量。

三、实际工作举例

【例 6-1】 某用户电能表，原抄读数为 3000，两个月后抄读数为 1000，电流互感器变比为 100/5，电压互感器变比 6000/100，经检查错误接线的功率表达式为：$P' = UI(-\sqrt{3}\cos\varphi + \sin\varphi)$，平均功率因数为 0.9，求实际电能数（注：电能表为机械表）。

解　根据错误接线电能表反映的功率为

$$P' = UI(-\sqrt{3}\cos\varphi + \sin\varphi)$$

第一步：求出更正系数

$$G_x = \frac{P}{P'} = \frac{\sqrt{3}UI\cos\varphi}{UI(-\sqrt{3}\cos\varphi + \sin\varphi)} = \frac{\sqrt{3}}{-\sqrt{3} + \tan\varphi}$$

因为 $\cos\varphi = 0.9$，故 $\varphi = 25.8°$，将其代入上式得

$$G_x = -1.39$$

更正系数为负值，说明电能表反转。

第二步：求出电量计算倍率

$$(100/5)\times(6000/100)=1200$$

第三步：求出错误计量期间所计电能

$$P'=(1000-3000)\times1200=-240\ 000=-24(\text{万 kWh})$$

第四步：求出正确应计的电能量

$$P=G_xP'=-1.39\times(-24)=33.36(\text{万 kWh})$$

第五步：确定追补电量

$$\Delta P=P-P'=33.36-(-24)=57.36(\text{万 kWh})$$

【例 6-2】 某用户一块三相三线制电能表计量，原抄见底码为 3250，一个月后抄见底码为 1250，经检查错误接线的功率表达式为 $-2UI\cos(30°+\varphi)$，该用户月平均功率因数为 0.9，电流互感器变比为 150/5A，电压互感器变化为 10 000/100V，请确定退补电量。

解 第一步：求出更正系数

$$G_x=\frac{\sqrt{3}UI\cos\varphi}{-2UI\cos(30°+\varphi)}=\frac{\sqrt{3}\cos\varphi}{-\sqrt{3}\cos\varphi+\sin\varphi}=\frac{\sqrt{3}}{\tan\varphi-\sqrt{3}}$$

因为 $\cos\varphi=0.9$，则 $\varphi=25.8°$，故

$$G_x=\frac{\sqrt{3}}{\tan25.8°-\sqrt{3}}=-1.39$$

更正系数为负值，说明电能表反转。

第二步：求出电量计算倍率

$$(150/5)\times(10\ 000/100)=3000\ 倍$$

第三步：求出错误计量期间所计的电量

$$P'=(1250-3250)\times3000=-600(\text{万 kWh})$$

第四步：追补电量为可延伸为两种情况（机械表和多功能电子表）

（1）电能表为机械表时，所以表计反转，电能表底数由 3250 减少至 1250。

1）假设错误接线方式期间的电量 600 万 kWh，当月已经收取，则应按以下方法追补电量。

正确应计的有功电量为

$$P=G_x\times P'=(-1.39)\times(-600)=834(万 kWh)$$

应追补电量为

$$\Delta P=P-P'=834-600=234(万 kWh)$$

注意，此时电能表的底数从下次结算电量起，应以1250字码累计电量，因为电能表字码从1250到3250之间的电量没有收回。

2）假设错误接线方式期间的电量，当月没有收取，而在追补电量中一并收回。则应按下列方法追补电量

$$\begin{aligned}\Delta P&=P-P'=G_xP'-P'=(G_x-1)P'\\&=(-1.39-1)\times(-600)=1434(万 kWh)\end{aligned}$$

所追的1434万kWh包括两部分电量，一部分为本月因错误接线期间所计的电量834万kWh；另一部分是因电能表倒走所产生的电量即600万kWh。

所以，电能表的底数从下次结算电量起，应以3250字码累计电量，即电能表底数1250累计到3250字码期间的电量已经追回，不能再重复收取。

（2）电能表为多功能电子表时（城市区电能表一般都将机械表全部更换为多功能电子表），多功能电子表根据设计又分两种情况：

1）多功能电子表有累计反向有功的功能，即只要表计倒走，均将倒走数字累计为反向有功。此时正向有功底数仍为3250，而反向有功底数则由“0”变化为“2000”。追补电量方法如下。

反向有功电量为

$$2000\times3000=6\ 000\ 000(kWh)=600(万 kWh)$$

正确应计的有功电量为

$$P=G_xP'=1.39\times600=834(万 kWh)$$

反向电量按正向电量收取，所以更正系数的负号也应去掉，本月收取834万kWh电量即可。

电能表的底数从下次结算电量起，应以正向有功字码 3250 字码累计电量。

2）有的多功能电子表，没有反向累计功能，设计时将反向累计数字，以绝对值的形式累加到正向有功上，此时追补电量的方法如下。

错误接线方式下所计的电量为

$$2000\times3000=6\ 000\ 000(\text{kWh})=600(\text{万 kWh})$$

错误期间实际应计的有功电量为

$$1.39\times600=834(\text{万 kWh})$$

因为是电子表，电量累计到正向有功数值上，所以更正系数的负号应去掉。

但本月只收取了 600 万 kWh，按照错误接线方式应追补漏计电量为

$$\Delta P=P-P'=834-600=234(\text{万 kWh})$$

电能表的底数从下次结算电量起，应以正向有功字码 5250 字码累计电量。

第二节　单相有功电能表错误接线方式下的电量分析

单相有功电能表错误接线一般存在其中一个电流线进出线反接或电压线圈首尾端反接等类型。

一、单相电能表电流线进出线反接

电流线进出线反接的接线方式如图 6－1 所示。

图 6－1 是直接接入式单相电能表的错误接线图，从图 6－1 中可以看出因电流线进出线反接，使流过电流线圈的电流发生 180°的相位变化。其向量图如图 6－2 所示。

由向量图可知错误接线时电能表所计量的电能（以功率表示）

$$P'=U_a(-I_a)\cos(180°-\varphi_a)=-U_xI_x\cos\varphi$$

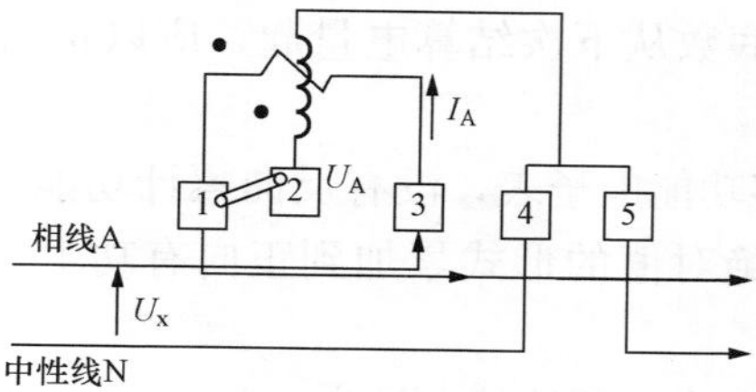

图 6-1　电流线进出线反接

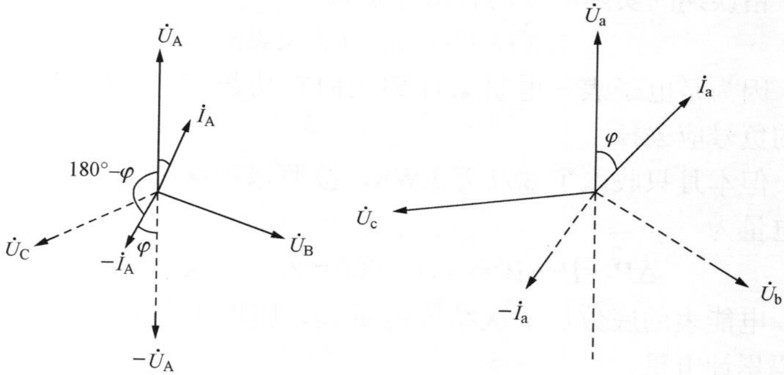

图 6-2　电流线进出接线反接向量关系

式中　U_x——相电压；

I_x——相电流。

由上式可知电能表反转，乘以−1 即为实际电量，但表反转将产生 3%以上的负误差。

二、单相电能表电压线圈首尾端反接

单相电能表电压线圈首尾端反接的接线方式，如图 6-3 所示。

图 6-3 是经电流互感器接入单相电能表的错误接线图。从图 6-3 中可以看出，电压线圈首尾接反，使电压线圈首尾两端承受电压为 U_{na}（即$-U_a$），其向量关系如图 6-4 所示。

此时电能表的功率表达式可写为

$$P'=(-U_a)I_a\cos(180°-\varphi_a)=-U_xI_x\cos\varphi$$

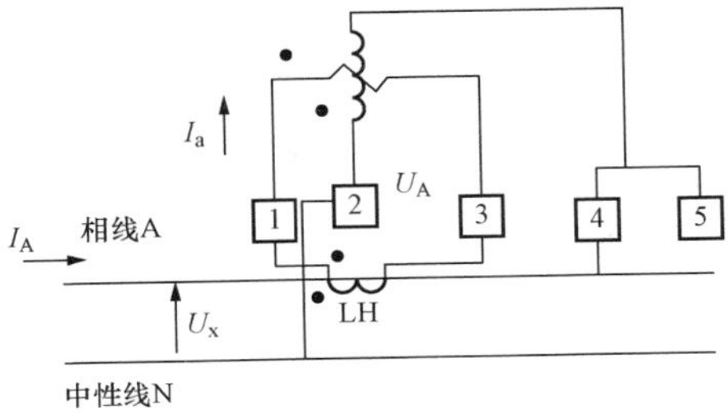

图 6 - 3　电压线圈首尾端反接的接线方式

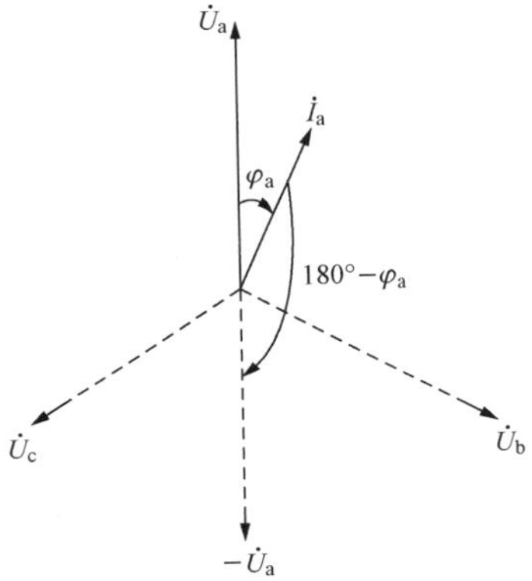

图 6 - 4　电压线圈首尾端反接向量关系

由此可见，单相电能表的电压线圈和电流线圈只要其中任何一只线圈接反，表就要倒转。纠正单相电能表的错误接线也比较简单，只要将接反的线圈首尾端调换，电能表即可正转。

第三节　三相四线制有功电能表错误接线方式的电量分析

一、三相四线制接线装置中任一相缺压或缺流

假设电能表的接线缺 A 相电压，具体接线图如图 6 - 5 所示。

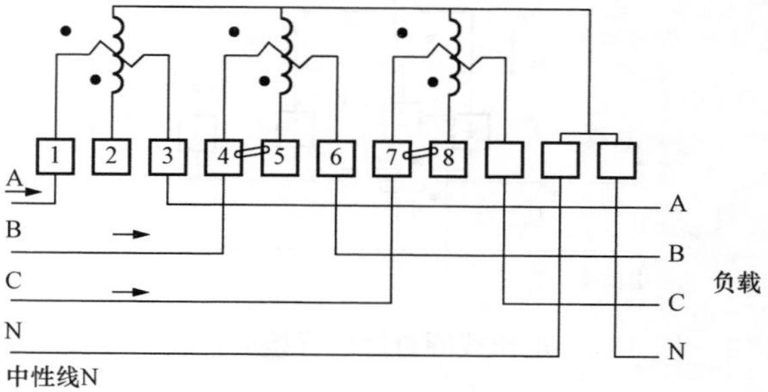

图 6 - 5　缺 A 相电压的电能表接线

根据三相四线有功电能表功率表达式（$P=U_aI_a\cos\varphi_a+U_bI_b\cos\varphi_b+U_cI_c\cos\varphi_c$）可知，A 相缺压，亦即 $U_a=0$，该相负荷功率电量将不能计量，故所计功率为：$P'=U_bI_b\cos\varphi_b+U_cI_c\cos\varphi_c$。

当三相负荷对称时，由公式 $P=3UI\cos\varphi$ 可得实际所计功率为：$P'=2UI\cos\varphi$。

同理，当 A 相缺流时，由于 $I_a=0$，该相功率元件将不能计量电能，当三相负荷对称时，实际所计量为：$P'=2UI\cos\varphi$。

因此，当任一相电压或电流漏接时，在三相负荷对称的情况下，将只能计量 2/3 的电量，也就是说在此种情况下将少计 1/3 的电量。

更正系数

$$G_x=\frac{P}{P'}=\frac{3UI\cos\varphi}{2UI\cos\varphi}=\frac{3}{2}$$

应追补的电能功率为

$$\Delta P=G_xP'-P'=(G_x-1)P'=0.5P'$$

二、三相四线制接线计量装置中任一相电流线圈接反

假设 A 相电流线圈接反，接线方式如图 6 - 6 所示。

接入电能表的 A 相电流实际为 $-I_a$，故此时电能计量装置实际所计量的功率为

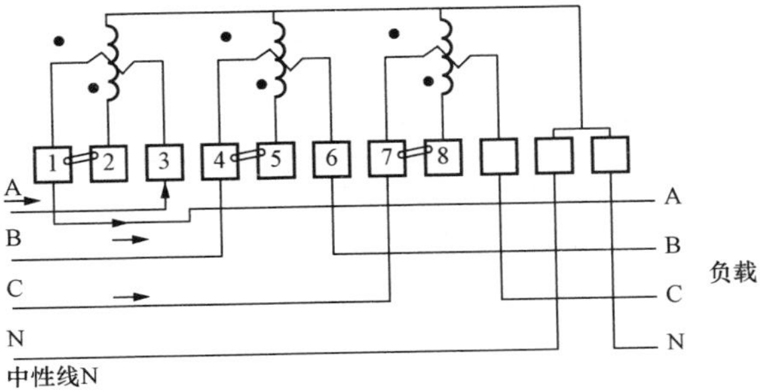

图 6-6　电流线圈 A 相接反的接线方式

$$P'=U_a(-I_a)\cos(180°-\varphi_a)+U_bI_b\cos\varphi_b+U_cI_c\cos\varphi_c$$

当三相负荷对称时，则

$$\begin{aligned}P'&=-U_aI_a\cos\varphi_a\cos\varphi_a+U_bI_b\cos\varphi_b+U_cI_c\cos\varphi_c\\&=-UI\cos\varphi+UI\cos\varphi+UI\cos\varphi\\&=UI\cos\varphi\end{aligned}$$

因此，当任一相电流线接反时，在三相负荷对称的情况下，将只能计量 1/3 的电量，也就是说在此种情况下将少计 2/3 的电量。

更正系数

$$G_x=\frac{P}{P'}=\frac{3UI\cos\varphi}{UI\cos\varphi}=3$$

应追补的电能功率为

$$\Delta P=G_xP'-P'=(G_x-1)P'=2P'$$

三、三相四线制接线计量装置中两相电流线圈均接反

在三相四线制接线装置中，假设 A、B 相电流线圈均接反，其接线方式如图 6-7 所示。

从图 6-7 中可以看出，接入电能表的 A、B 相电流实际为 $-I_a$ 和 $-I_b$，故实际所计量的功率为

$$P'=U_a(-I_a)\cos(180°-\varphi_a)+U_b(-I_b)\cos(180°-\varphi_b)+U_cI_c\cos\varphi_c$$

当三相负荷对称时，则

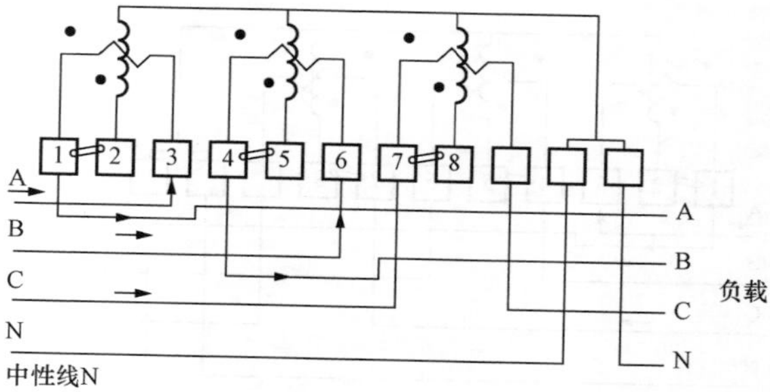

图 6 - 7　电流线圈两相均接反的接线方式

$$
\begin{aligned}
P' &= -U_a I_a \cos\varphi_a - U_b I_b \cos\varphi_b + U_c I_c \cos\varphi_c \\
&= -UI\cos\varphi - UI\cos\varphi + UI\cos\varphi \\
&= -UI\cos\varphi
\end{aligned}
$$

更正系数

$$G_x = \frac{P}{P'} = \frac{3UI\cos\varphi}{-UI\cos\varphi} = -3$$

更正系数为负数，说明此时电能表将反转。

应追补的电能功率为

$$\Delta P = G_x P' - P' = (G_x - 1)P' = -4P'$$

四、当三相电流线圈全部接反

在三相四线制接线计量装置中，假设 A、B、C 三相电流线圈均接反，其接线方式如图 6 - 8 所示。

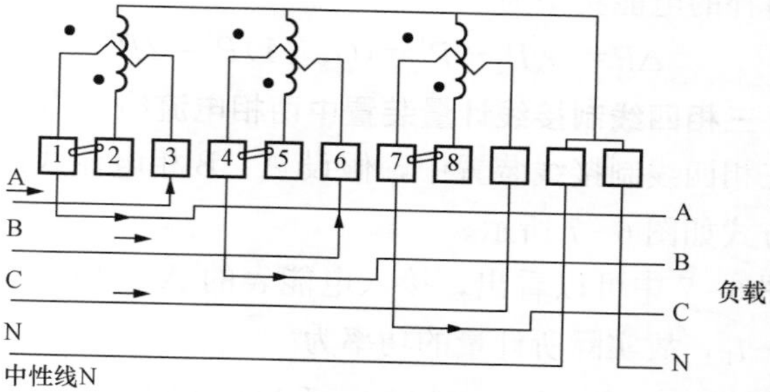

图 6 - 8　电流线圈三相均接反的接线方式

此时接入电能表的三相电流实际为$-I_a$、$-I_b$和$-I_c$，故实际所计量的功率为

$$P=\dot{U}_a(-\dot{I}_a)\cos(180°-\varphi_a)+\dot{U}_b(-\dot{I}_b)\cos(180°-\varphi_b)$$
$$+\dot{U}_c(-\dot{I}_c)\cos(180°-\varphi_c)$$

当三相负荷对称时，则

$$\begin{aligned}P&=-U_aI_a\cos\varphi_a-U_bI_b\cos\varphi_b-U_cI_c\cos\varphi_c\\&=-UI\cos\varphi-UI\cos\varphi-UI\cos\varphi\\&=-3UI\cos\varphi\end{aligned}$$

更正系数

$$G_x=\frac{3UI\cos\varphi}{-3UI\cos\varphi}=-1$$

此种情况下，电能表倒走，即按倒走电量追补。

五、电能表漏接零线或零线不能可靠接零时

在三相四线制接线计量装置中，假设进入电能表的零线漏接或断线时，如图 6-9 所示。

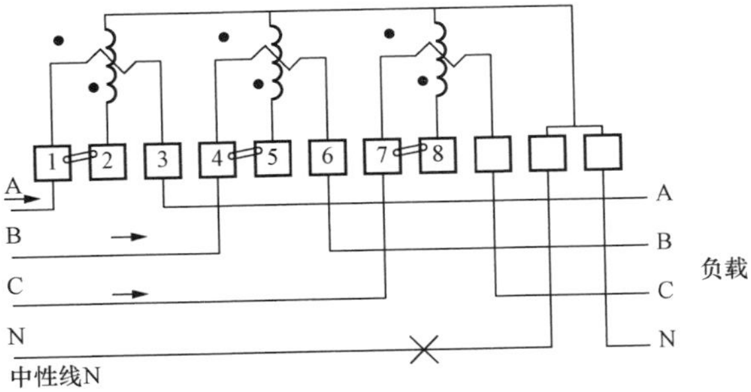

图 6-9　电能表零线漏接或断线时的接线方式

此种情况下，如果三相负荷对称时对计量没有影响，但实际情况是没有绝对对称的负载。进电能表的零线断线时，这时将产生零序电压和零序电流，即电压中性点将产生位移。

零线开断或接地不良时，中性点将发生位移，产生零序电压，画出其向量图，如图 6-10 所示。

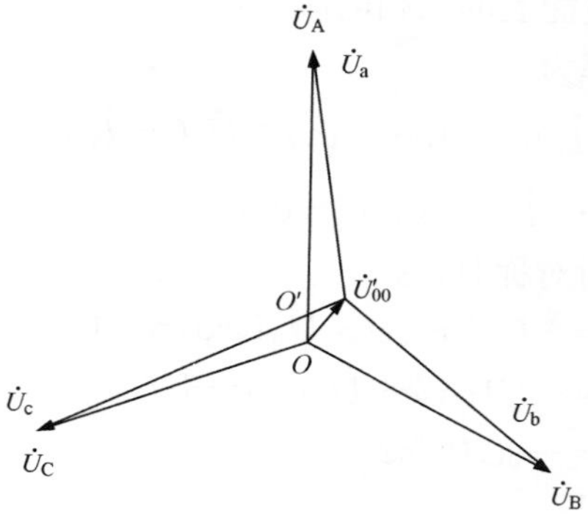

图 6-10　零线断线时的电压向量关系

接电能表的零线断线后或电能表所接入零线接地电阻太大（即零线与大地接触不良），此时如果以其他方式引入零线后，而电能表的三个元件的电流线圈仍分别接的是火线，故电能表的电流回路没有改变，存在流过三个元件的电流。但因电能表没有零线或对地接触不良，三个电压元件的零线将产生零序电压，中性点的电压而不再为零。即三个元件的电压回路均发生了变化，三个电压元件的电压值会发生变化，此时的电压值实际是各元件的相电压与零序电压的合成值。即

$$\dot{U}_A=\dot{U}_a+\dot{U}'_{00}$$

$$\dot{U}_B=\dot{U}_b+\dot{U}'_{00}$$

$$\dot{U}_C=\dot{U}_c+\dot{U}'_{00}$$

根据实际工作经验，零线接触不良时，此时加载于电能表上的相电压为 190V 左右，电压幅值减小，故将少计电量。所以，三相四线制电能表电压回路的零线必须良好接地。

但实际运行过程中，完全对称的负载是不存在的。如果零线不接地，中性线对地将会存在零序电压$\dot{U}'_{00}$，同时由于负载的不对称会产生零序电流 $\dot{I}'_{00}$，画出其向量图，零序电流向量图如图 6-11 所示。

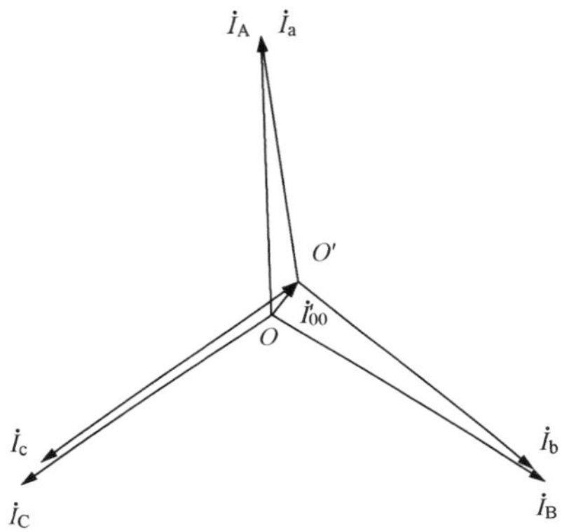

图 6-11 零序电流向量关系

各相电流相位关系为

$$\dot{I}_A = \dot{I}_a + \dot{I}'_{00}$$

$$\dot{I}_B = \dot{I}_b + \dot{I}'_{00}$$

$$\dot{I}_C = \dot{I}_c + \dot{I}'_{00}$$

零序合成电流为

$$3\dot{I}'_{00} = (\dot{I}_A + \dot{I}_B + \dot{I}_C) - (\dot{I}_a + \dot{I}_b + \dot{I}_c)$$

设零序电压和合成后的零序电流的夹角为 φ'，则计量误差值为

$$P_{误差} = U'_{00} \times 3I'_{00} \times \cos\varphi'$$

如果在平时现场检验时，发现零线未接地，可以测量零线对地的电压和三相电流合成值之间的相位，并测量出幅值的大小，就可以计算计量误差了。

六、任意两个电压元件的电压线互调

在三相四线制电能计量装置中，若任意两个元件的电压线互调，即两个元件的电压、电流相位不对应，电能表将停转而不能计量电能。

假设 A 和 B 相的电压线错位，接线图如图 6-12 所示。

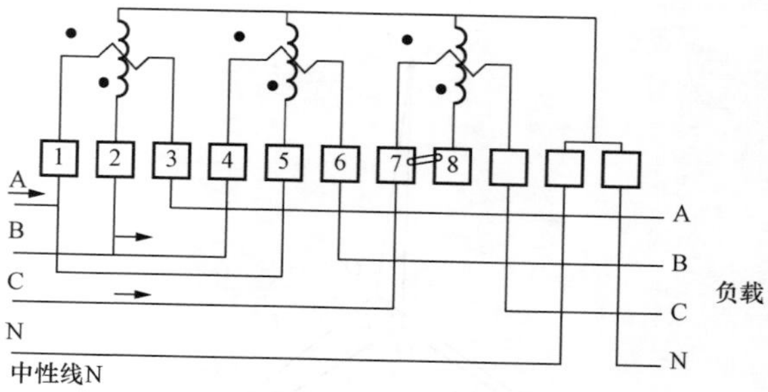

图 6-12　电能表 A 和 B 相的电压线错位接线方式

加载于三个功率元件上的电压及电流分别为

第一元件承载的电压电流：$\dot{U}_b$ $\dot{I}_a$；

第二元件承载的电压电流：$\dot{U}_a$ $\dot{I}_b$；

第三元件承载的电压电流：$\dot{U}_c$ $\dot{I}_c$。

加载于 A 相和 B 相的功率元件的电流与电压的相位角将产生变化。

根据电压向量图可判断出加载于两个功率元件电压、电流的实际相位角。电压、电流向量关系如图 6-13 所示。

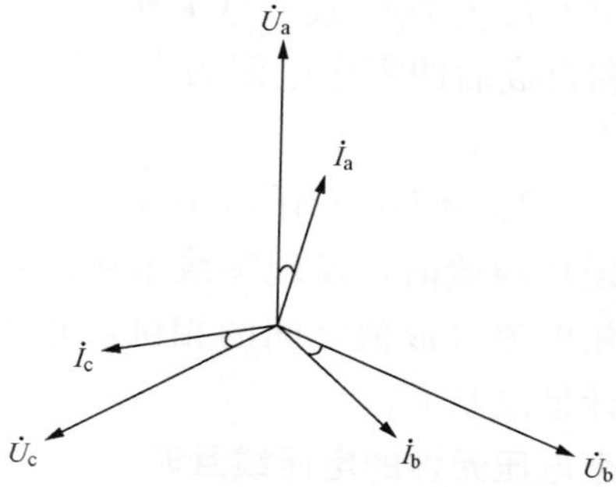

图 6-13　电压、电流向量关系

因加载于电能表的两个电压元件 A 和 B 相互错位，此时功率表达式为

$$P=U_bI_a\cos(120°-\varphi_a)+U_aI_b\cos(120°+\varphi_b)+U_cI_c\cos\varphi_c$$

当三相负荷对称情况下，上式可简化为

$$P=UI\cos(120°-\varphi)+UI\cos(120°+\varphi)+UI\cos\varphi$$

进一步简化

$$\begin{aligned}P&=UI\cos(120°-\varphi)+UI\cos(120°+\varphi)+UI\cos\varphi\\&=UI\cos(90°+30°-\varphi)+UI\cos(90°+30°+\varphi)+UI\cos\varphi\\&=-UI\sin(30°-\varphi)-UI\sin(30°+\varphi)+UI\cos\varphi\\&=UI[-\sin30°\cos\varphi+\cos30°\sin\varphi-\sin30°\cos\varphi-\cos30°\sin\varphi+\cos\varphi]\\&=UI(-2\sin30°\cos\varphi+\cos\varphi)\\&=0\end{aligned}$$

由此可见，在三相四线制计量装置中，当任意两元件的电压线互调后，在三相负荷对称的情况下，电能表将停转。在此种情况下，电量的追补可按实际用电情况来进行推算。

七、三相四线制计量装置中，三个功率元件的电压线和电流线的相位均不对应

在三相四线制计量装置中，假设三个功率元件承载的电压与电流分别为：第一功率元件所承载的电压与电流为$\dot{U}_b$、$\dot{I}_a$；第二功率元件所承载的电压与电流为$\dot{U}_c$、$\dot{I}_b$；第三功率元件所承载的电压与电流为$\dot{U}_b$、$\dot{I}_c$。

此时接线方式图如图 6 - 14 所示。

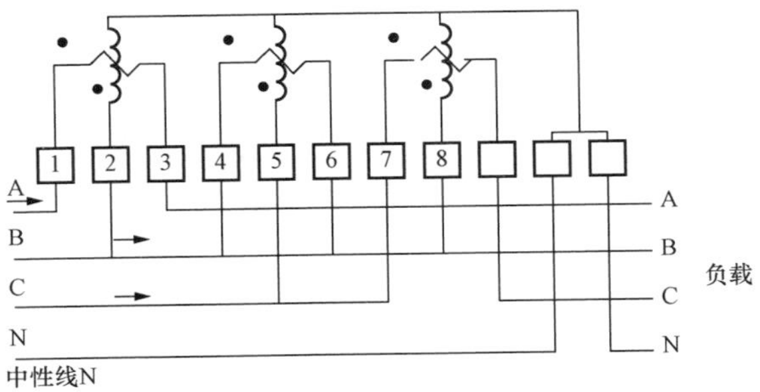

图 6 - 14　三个功率元件电压、电流线均不对应接线方式

三相四线制电压与电流正确的向量图如图 6-15 所示。

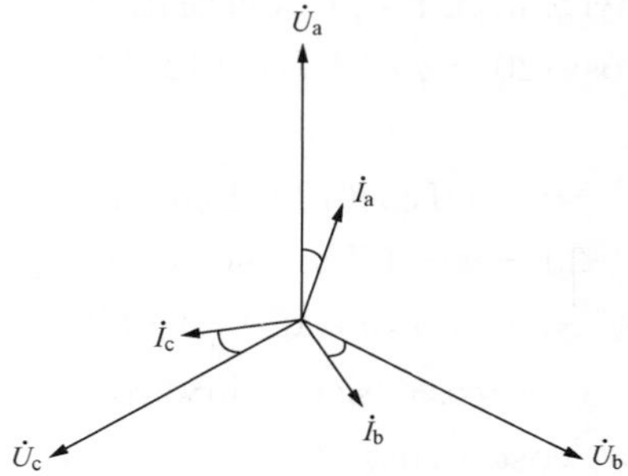

图 6-15　三相四线制电压与电流正确向量关系

故错误接线方式下的功率表达式为

$$P'=U_b I_a \cos(120°-\varphi_a)+U_c I_b \cos(120°-\varphi_b)+U_b I_c \cos(120°+\varphi_c)$$

当三相负载对称时，可简化为

$$P'=2UI\cos(120°-\varphi)+UI\cos(120°+\varphi)$$
$$=UI(\cos30°\sin\varphi-3\sin30°\cos\varphi)$$

更正系数

$$G_x=\frac{3UI\cos\varphi}{UI(\cos30°\sin\varphi-3\sin30°\cos\varphi)}=\frac{6}{\sqrt{3}\tan\varphi-3}$$

由得出的更正系数可知，根据不同的用电功率因数，会出现正转、倒转和停转的情况，出现这种情况，可按月度实际用电量进行追退电量。

第四节　三相三线制有功电能表常见错误接线及更正系数分析

在三相三线制计量装置的接线中，能正确计量电能的接线方式只有一种，即正相序，计量电能功率的公式为

$$P=U_{ab}I_a\cos(30°+\varphi_a)+U_{cb}I_c\cos(30°-\varphi_c)$$

假设三相负载对称，计量电能功率的表达还可表达为

$$P=\sqrt{3}UI\cos\varphi$$

其正确的电压电流向量表示如图 6 - 16 所示。

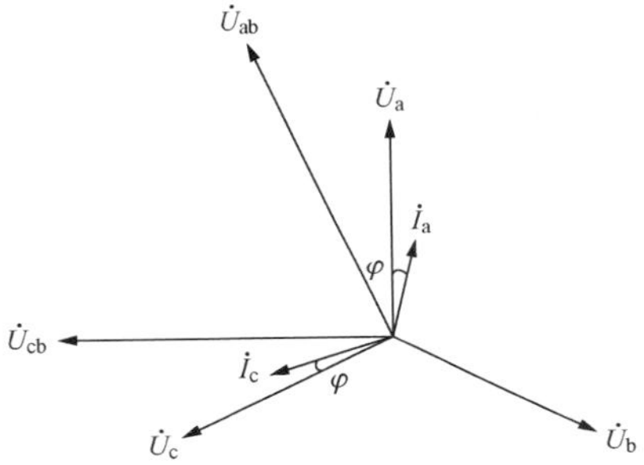

图 6 - 16　三相三线制两元件正确接线向量关系

以下分析常见的错误接线方式，设定正相序为 ABC，负载性质为感性。

一、电能表错误接线方式下电能表正转及更正系数分析

电能表错误接线方式下，电能表正转有 5 种情况，现分析如下。

（1）第一功率元件所接电压为$\dot{U}_{ca}$，电流为$-\dot{I}_a$；第二功率元件所接电压为$\dot{U}_{ba}$，电流为$-\dot{I}_c$。

根据该错误接线方式画出向量图，如图 6 - 17 所示。

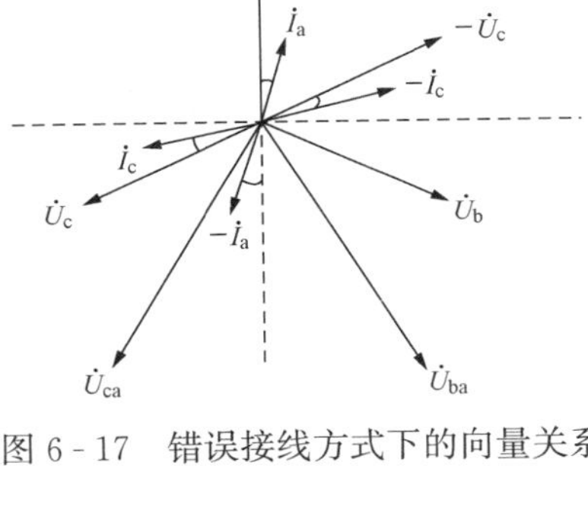

图 6 - 17　错误接线方式下的向量关系

根据向量图 6 - 17 即可列出功率表达式

$$P' = U_{ca}(-I_a)\cos(30° - \varphi_a) + U_{ba}(-I_c)\cos(90° - \varphi_c)$$

注：式中电流 I_a 及 I_c 前面的负号只是表明其方向，在运算过程中其负号并不参与计算。

当三相负载对称时，则功率表达式为

$$P' = UI\cos(30° - \varphi) + UI\cos(90° - \varphi)$$
$$= \frac{1}{2}UI(\sqrt{3}\cos\varphi + 3\cos\varphi)$$

更正系数

$$G_x = \frac{P}{P'} = \frac{\sqrt{3}UI\cos\varphi}{\frac{1}{2}UI(\sqrt{3}\cos\varphi + 3\sin\varphi)} = \frac{2}{1 + \sqrt{3}\tan\varphi}$$

（2）第一元件所接电压为 U_{bc}，电流为 $-I_c$；第二元件所接电压为 U_{ac}，电流为 I_a。

根据该错误接线方式画出向量图，如图 6 - 18 所示。

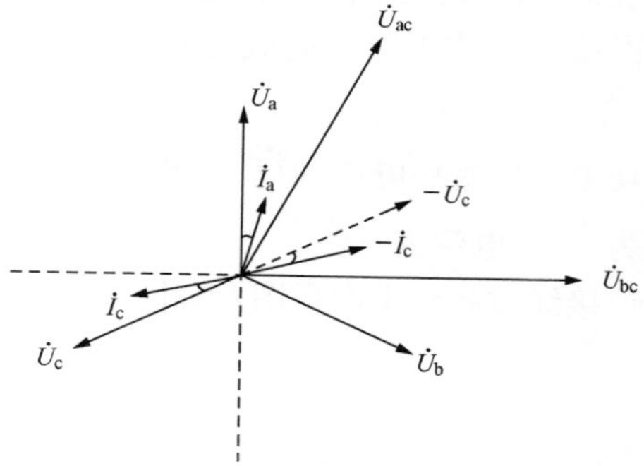

图 6 - 18　错误接线方式下的电压电流向量关系

根据向量图 6 - 18 即可列出功率表达式

$$P' = U_{bc}(-I_c)\cos(30° - \varphi_c) + U_{ac}I_a\cos(30° - \varphi_a)$$

当三相负载对称时，则功率表达式为

$$P' = UI\cos(30° - \varphi) + UI\cos(30° - \varphi)$$
$$= 2UI\cos(30° - \varphi)$$

更正系数

$$G_x=\frac{P}{P'}=\frac{\sqrt{3}UI\cos\varphi}{2UI\cos(30°-\varphi)}=\frac{\sqrt{3}}{\sqrt{3}+\tan\varphi}$$

（3）第一元件所接电压为U_{bc}，电流为I_a；第二元件所接电压为U_{ac}，电流为$-I_c$。

根据该错误接线方式画出向量图，如图6-19所示。

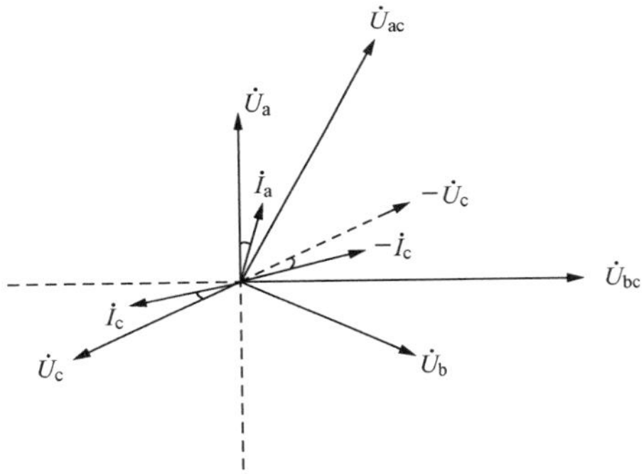

图6-19　错误接线方式下的电压电流向量关系

根据向量图6-19即可列出功率表达式

$$P'=U_{bc}I_a\cos(90°-\varphi_a)+U_{ac}(-I_c)\cos(30°+\varphi_c)$$

当三相负载对称时，则功率表达式为

$$P'=UI\cos(90°-\varphi)+UI\cos(30°+\varphi)=UI\cos(30°-\varphi)$$

更正系数

$$G_x=\frac{P}{P'}=\frac{\sqrt{3}UI\cos\varphi}{UI\cos(30°-\varphi)}=\frac{2\sqrt{3}}{\sqrt{3}+\tan\varphi}$$

（4）第一元件所接电压为U_{ab}，电流为I_c；第二元件所接电压为U_{cb}，电流为$-I_a$。

根据该错误接线方式画出向量图，如图6-20所示。

根据向量图6-20即可列出功率表达式

$$P'=U_{ab}I_c\cos(90°-\varphi_c)+U_{cb}(-I_a)\cos(90°-\varphi_a)$$

当三相负载对称时，则功率表达式为

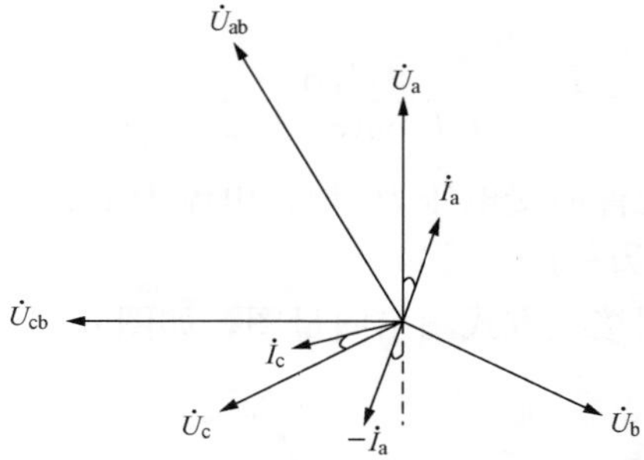

图 6-20　错误接线方式下的电压电流向量关系

$$P'=UI\cos(90°-\varphi)+UI\cos(90°-\varphi)=2UI\sin\varphi$$

更正系数

$$G_x=\frac{P}{P'}=\frac{\sqrt{3}UI\cos\varphi}{2UI\sin\varphi}=\frac{\sqrt{3}}{2\tan\varphi}$$

（5）第一元件所接电压为 U_{ab}，电流为 $-I_a$；第二元件所接电压为 U_{cb}，电流为 I_c。

根据该错误接线方式画出向量图，如图 6-21 所示。

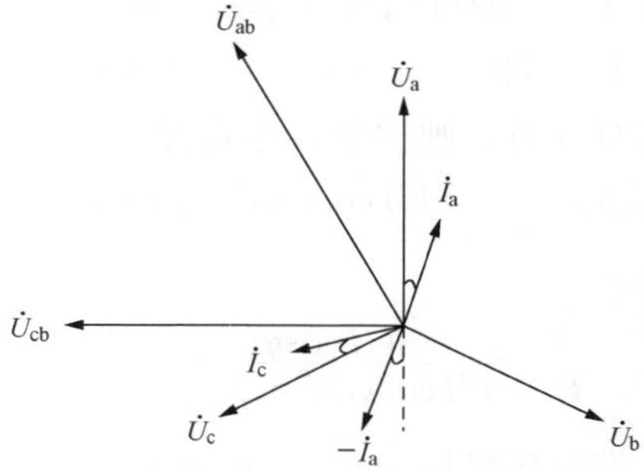

图 6-21　错误接线方式下的电压电流向量关系

根据向量图 6-21 即可列出功率表达式

$$P'=U_{ab}(-I_a)\cos(150°-\varphi_a)+U_{cb}I_c\cos(30°-\varphi_c)$$

当三相负载对称时，则功率表达式为

$$P'=UI\cos(150°-\varphi)+UI\cos(30°-\varphi)=UI\sin\varphi$$

更正系数

$$G_x=\frac{P}{P'}=\frac{\sqrt{3}UI\cos\varphi}{UI\sin\varphi}=\frac{\sqrt{3}}{\tan\varphi}$$

二、电能表错误接线方式下电能表停转分析

在电能表错误接线方式下，电能表停转，共有 6 种情况，现分析如下。

(1) 第一元件所接电压为 U_{ab}，电流为 I_c；第二元件所接电压为 U_{cb}，电流为 I_a。

根据该错误接线方式画出向量图，如图 6-22 所示。

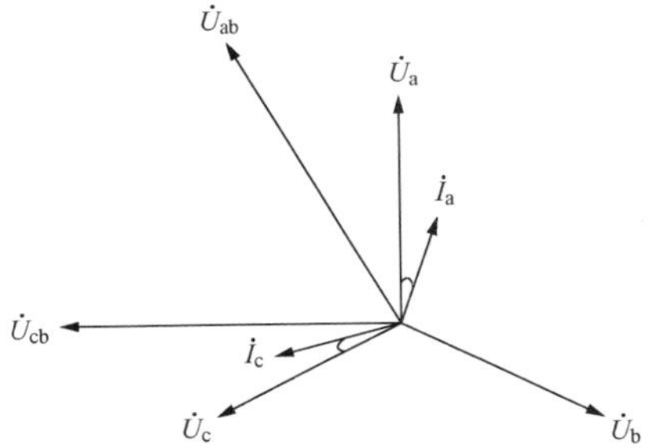

图 6-22 错误接线方式下的电压电流向量关系

根据向量图 6-22 即可列出功率表达式

$$P'=U_{ab}I_c\cos(90°-\varphi_c)+U_{cb}I_a\cos(90°+\varphi_a)$$

当三相负载对称时，则功率表达式为

$$\begin{aligned}P'&=UI\cos(90°-\varphi)+UI\cos(90°+\varphi)\\&=UI\sin\varphi-UI\sin\varphi\\&=0\end{aligned}$$

即此种错误接线方式电能表不计电量，电能表停转。

(2) 第一元件所接电压为 U_{ab}，电流为 $-I_c$；第二元件所接电压为 U_{cb}，电流为 $-I_a$。

根据该错误接线方式画出向量图，如图 6-23 所示。

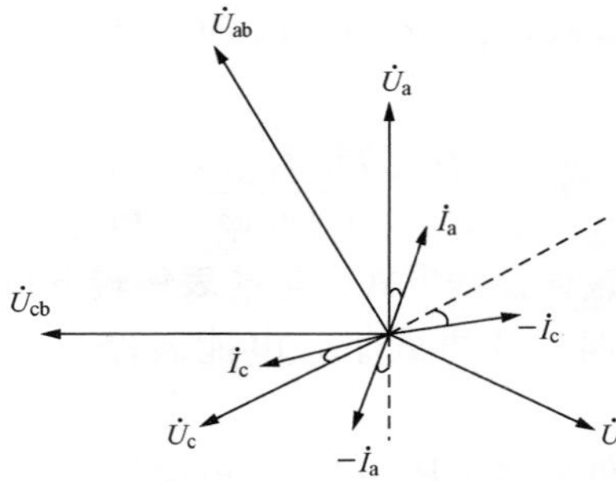

图 6-23　错误接线方式下的电压电流向量关系

根据向量图 6-23 即可列出功率表达式

$$P'=U_{ab}(-I_c)\cos(90°+\varphi_c)+U_{cb}(-I_a)\cos(90°-\varphi_a)$$

当三相负载对称时，则功率表达式为

$$\begin{aligned}P'&=UI\cos(90°+\varphi)+UI\cos(90°-\varphi)\\&=-UI\sin\varphi+UI\sin\varphi\\&=0\end{aligned}$$

即此种错误接线方式电能表不计电量，电能表停转。

（3）第一元件所接电压为 U_{bc}，电流为 I_c；第二元件所接电压为 U_{ac}，电流为 I_a。

根据该错误接线方式画出向量图，如图 6-24 所示。

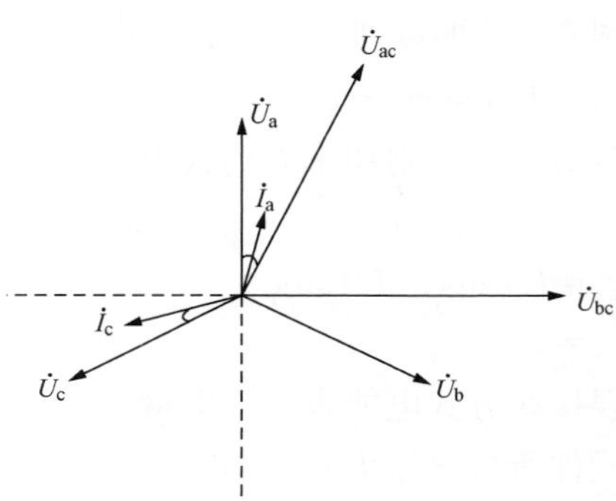

图 6-24　错误接线方式下的电压电流向量关系

根据向量图 6-24 即可列出功率表达式

$$P' = U_{bc} I_c \cos(150° + \varphi_c) + U_{ac} I_a \cos(30° - \varphi_a)$$

当三相负载对称时，则功率表达式为

$$\begin{aligned} P' &= UI\cos(150° + \varphi) + UI\cos(30° - \varphi) \\ &= UI[-\sin60°\cos\varphi - \cos60°\sin\varphi + \cos30°\cos\varphi + \sin30°\sin\varphi] \\ &= 0 \end{aligned}$$

即此种错误接线方式电能表不计电量，电能表停转。

(4) 第一元件所接电压为 U_{bc}，电流为 $-I_c$；第二元件所接电压为 U_{ac}，电流为 $-I_a$。

根据该错误接线方式画出向量图，如图 6-25 所示。

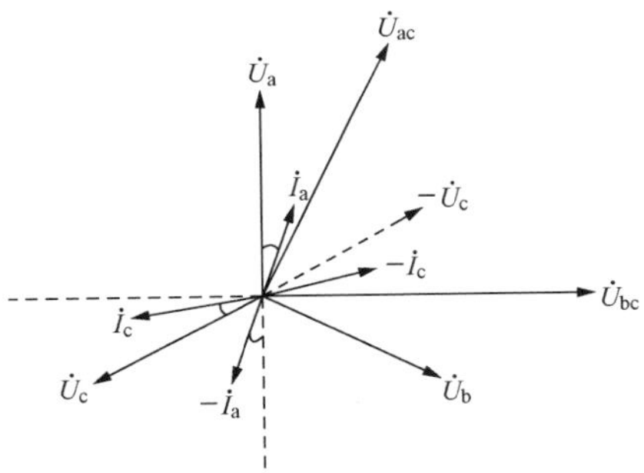

图 6-25　错误接线方式下的电压电流向量关系

根据向量图 6-25 即可列出功率表达式

$$P' = U_{bc}(-I_c)\cos(30° - \varphi_c) + U_{ac}(-I_a)\cos(150° + \varphi_a)$$

当三相负载对称时，则功率表达式为

$$\begin{aligned} P' &= UI\cos(30° - \varphi) + UI\cos(150° + \varphi) \\ &= UI[\cos30°\cos\varphi + \sin30°\sin\varphi - \sin60°\cos\varphi - \cos60°\sin\varphi] \\ &= 0 \end{aligned}$$

即此种错误接线方式电能表不计电量，电能表停转。

(5) 第一元件所接电压为 U_{ca}，电流为 I_c；第二元件所接电压为 U_{ba}，电流为 I_a。

根据该错误接线方式画出向量图，如图 6-26 所示。

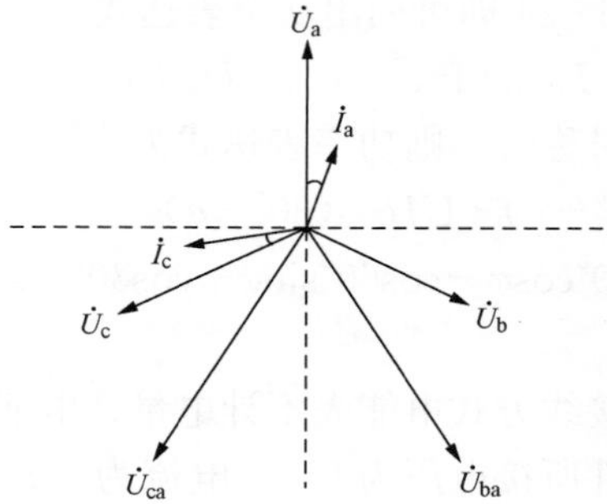

图 6-26　错误接线方式下的电压电流向量关系

根据向量图 6-26 即可列出功率表达式

$$P'=U_{ca}I_c\cos(30°+\varphi_c)+U_{ba}I_a\cos(150°-\varphi_a)$$

当三相负载对称时，则功率表达式为

$$\begin{aligned}P'&=UI\cos(30°+\varphi)+UI\cos(150°-\varphi)\\&=UI[\cos30°\cos\varphi-\sin30°\sin\varphi-\sin60°\cos\varphi+\cos60°\sin\varphi]\\&=0\end{aligned}$$

即此种错误接线方式电能表不计电量，电能表停转。

(6) 第一元件所接电压为 U_{ca}，电流为 $-I_c$；第二元件所接电压为 U_{ba}，电流为 $-I_a$。

根据该错误接线方式画出向量图，如图 6-27 所示。

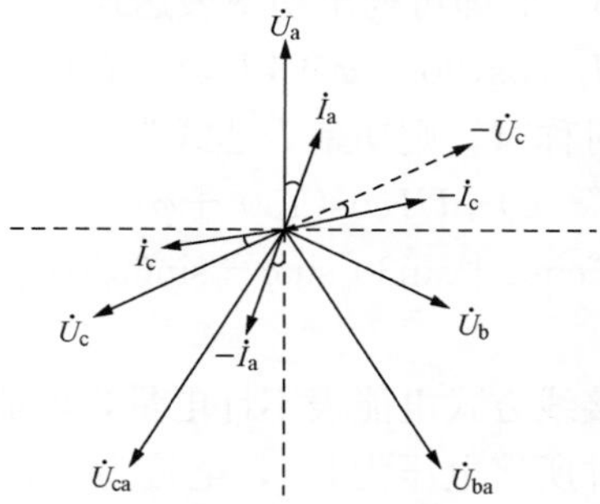

图 6-27　错误接线方式下的电压电流向量关系

根据向量图 6-27 即可列出功率表达式

$$P'=U_{ca}(-I_c)\cos(150°-\varphi_c)+U_{ba}(-I_a)\cos(30°+\varphi_a)$$

当三相负载对称时，则功率表达式为

$$\begin{aligned}P'&=UI\cos(150°-\varphi)+UI\cos(30°+\varphi)\\&=UI[-\sin60°\cos\varphi+\cos60°\sin\varphi+\cos30°\cos\varphi-\sin30°\sin\varphi]\\&=0\end{aligned}$$

即此种错误接线方式电能表不计电量，电能表停转。

三、电能表错误接线方式下电能表反转及更正系数分析

电能表错误接线方式下，电能表反转有 6 种情况，现分析如下。

(1) 第一元件所接电压为 U_{ca}，电流为 I_a；第二元件所接电压为 U_{ba}，电流为 I_c。

根据该错误接线方式画出向量图，如图 6-28 所示。

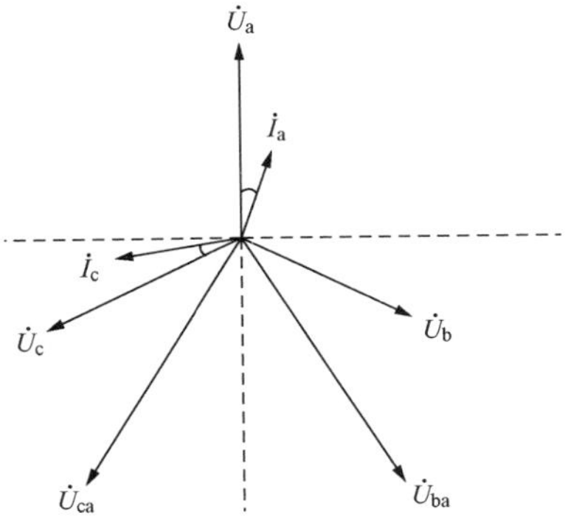

图 6-28 错误接线方式下的电压电流向量关系

根据向量图 6-28 即可列出功率表达式

$$P'=U_{ca}I_a\cos(150°+\varphi_a)+U_{ba}I_c\cos(90°+\varphi_c)$$

当三相负载对称时，则功率表达式为

$$\begin{aligned}P'&=UI\cos(150°+\varphi)+UI\cos(90°+\varphi)\\&=UI[-\sin(60°+\varphi)-\sin\varphi]\\&=-UI\sqrt{3}\cos(60°-\varphi)\end{aligned}$$

更正系数

$$G_x=\frac{P}{P'}=\frac{\sqrt{3}UI\cos\varphi}{-UI\sqrt{3}\cos(60°-\varphi)}=\frac{-2}{1+\sqrt{3}\tan\varphi}$$

错误接线方式下的更正系数为负值，说明电能表反转。

（2）第一元件所接电压为U_{bc}，电流为I_c；第二元件所接电压为U_{ac}，电流为$-I_a$。

根据该错误接线方式画出向量图，如图 6 - 29 所示。

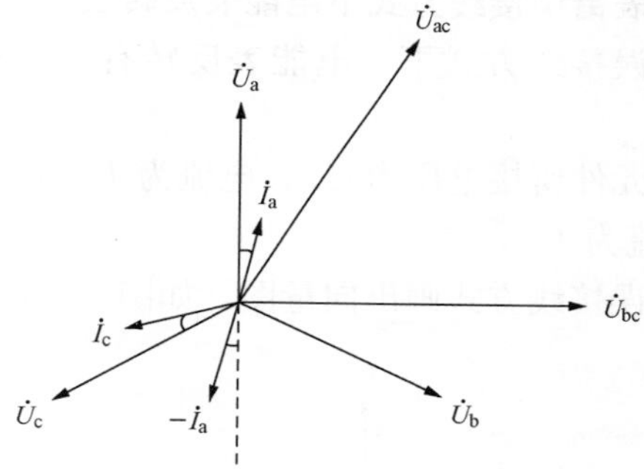

图 6 - 29　错误接线方式下的电压电流向量关系

根据向量图 6 - 29 即可列出功率表达式

$$P'=U_{bc}I_c\cos(150°+\varphi_c)+U_{ac}(-I_a)\cos(150°+\varphi_a)$$

当三相负载对称时，则功率表达式为

$$\begin{aligned}P'&=UI\cos(150°+\varphi)+UI\cos(150°+\varphi)\\&=2UI\cos(150°+\varphi)\\&=-2UI\cos(30°-\varphi)\end{aligned}$$

更正系数

$$G_x=\frac{P}{P'}=\frac{\sqrt{3}UI\cos\varphi}{-2UI\cos(30°-\varphi)}=\frac{-\sqrt{3}}{\sqrt{3}+\tan\varphi}$$

错误接线方式下的更正系数为负值，说明电能表反转。

（3）第一元件所接电压为U_{bc}，电流为$-I_a$；第二元件所接电压为U_{ac}，电流为I_c。

根据该错误接线方式画出向量图，如图 6 - 30 所示。

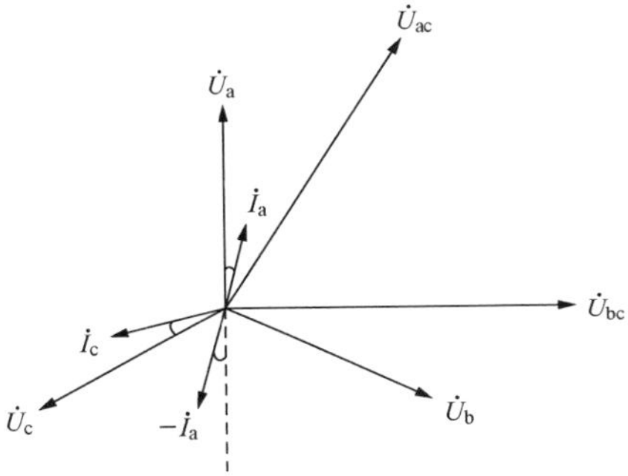

图 6 - 30　错误接线方式下的电压电流向量关系

根据向量图 6 - 30 即可列出功率表达式

$$P'=U_{bc}(-I_a)\cos(90^\circ+\varphi_a)+U_{ac}I_c\cos(150^\circ-\varphi_c)$$

当三相负载对称时，则功率表达式为

$$\begin{aligned}P'&=UI\cos(90^\circ+\varphi)+UI\cos(150^\circ-\varphi)\\&=-UI\sin\varphi-UI\sin(60^\circ-\varphi)\\&=-UI\cos(30^\circ-\varphi)\end{aligned}$$

更正系数

$$G_x=\frac{P}{P'}=\frac{\sqrt{3}UI\cos\varphi}{-UI\cos(30^\circ-\varphi)}=\frac{-2\sqrt{3}}{\sqrt{3}+\tan\varphi}$$

错误接线方式下的更正系数为负值，说明电能表反转。

(4) 第一元件所接电压为 U_{ab}，电流为 $-I_a$；第二元件所接电压为 U_{cb}，电流为 $-I_c$。

根据该错误接线方式画出向量图，如图 6 - 31 所示。

如图据向量图 6 - 31 即可列出功率表达式

$$P'=U_{ab}(-I_a)\cos(150^\circ-\varphi_a)+U_{cb}(-I_c)\cos(150^\circ+\varphi_c)$$

当三相负载对称时，则功率表达式为

$$\begin{aligned}P'&=UI\cos(150^\circ-\varphi)+UI\cos(150^\circ+\varphi)\\&=-UI\sin(60^\circ-\varphi)-UI\sin(60^\circ+\varphi)\\&=-UI\sqrt{3}\cos\varphi\end{aligned}$$

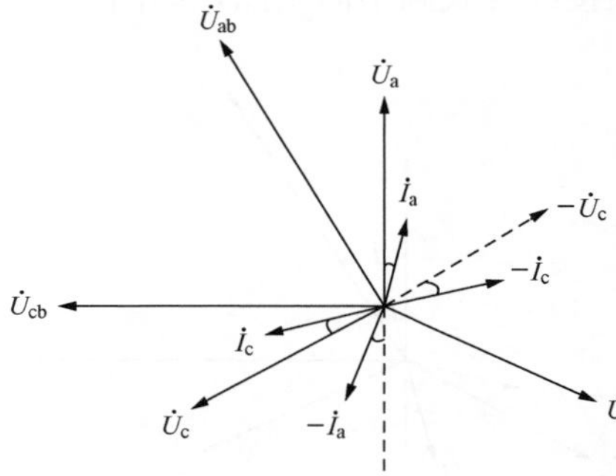

图 6-31　错误接线方式下的电压电流向量关系

更正系数

$$G_x=\frac{P}{P'}=\frac{\sqrt{3}UI\cos\varphi}{-\sqrt{3}UI\cos\varphi}=-1$$

错误接线方式下的更正系数为负值，说明电能表反转。

（5）第一元件所接电压为 U_{ab}，电流为 $-I_c$；第二元件所接电压为 U_{cb}，电流为 I_a。

根据该错误接线方式画出向量图，如图 6-32 所示。

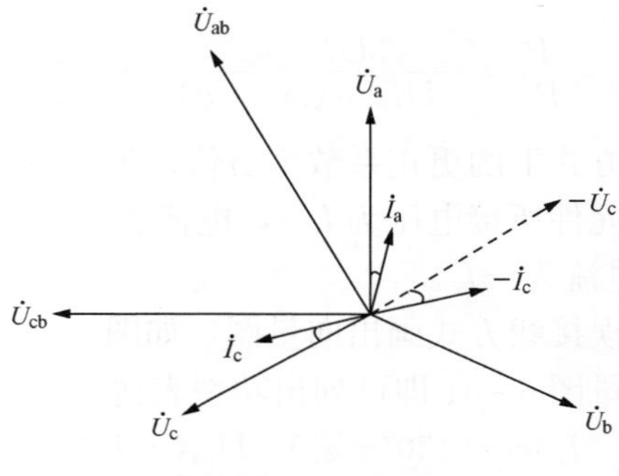

图 6-32　错误接线方式下的电压电流向量关系

根据向量图 6-32 即可列出功率表达式

$$P'=U_{ab}(-I_c)\cos(90°+\varphi_c)+U_{cb}I_a\cos(90°+\varphi_a)$$

当三相负载对称时，则功率表达式为

$$P' = UI\cos(90^\circ + \varphi) + UI\cos(90^\circ + \varphi)$$
$$= -2UI\sin\varphi$$

更正系数

$$G_x = \frac{P}{P'} = \frac{\sqrt{3}UI\cos\varphi}{-2UI\sin\varphi} = \frac{-\sqrt{3}}{2\tan\varphi}$$

错误接线方式下的更正系数为负值，说明电能表反转。

(6) 第一元件所接电压为 U_{ab}，电流为 I_a；第二元件所接电压为 U_{cb}，电流为 $-I_c$。

根据该错误接线方式画出向量图，如图 6-33 所示。

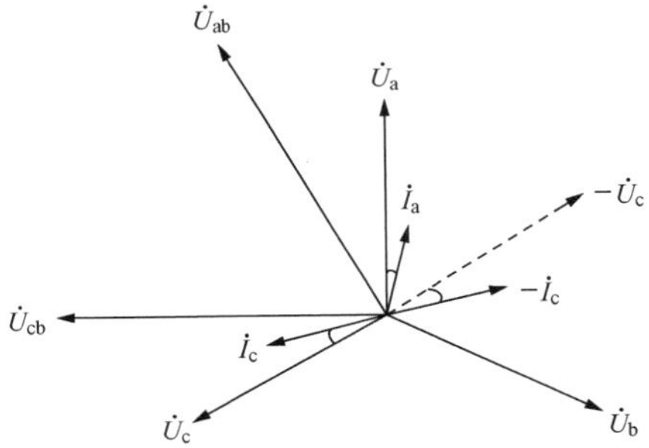

图 6-33　错误接线方式下的电压电流向量关系

根据向量图 6-33 即可列出功率表达式

$$P' = U_{ab}I_a\cos(30^\circ + \varphi_a) + U_{cb}(-I_c)\cos(150^\circ + \varphi_c)$$

当三相负载对称时，则功率表达式为

$$P' = UI\cos(30^\circ + \varphi) + UI\cos(150^\circ + \varphi)$$
$$= UI\cos(30^\circ + \varphi) - UI\sin(60^\circ + \varphi)$$
$$= -UI\sin\varphi$$

更正系数

$$G_x = \frac{P}{P'} = \frac{\sqrt{3}UI\cos\varphi}{-UI\sin\varphi} = \frac{-\sqrt{3}}{\tan\varphi}$$

错误接线方式下的更正系数为负值，说明电能表反转。

四、电能表错误接线方式下电能表转向不定及更正系数分析

电能表错误接线方式下，电能表转向不定共有 6 种情况，现分析如下。

（1）第一元件所接电压为 U_{bc}，电流为 $-I_a$；第二元件所接电压为 U_{ac}，电流为 $-I_c$。

根据该错误接线方式画出向量图，如图 6 - 34 所示。

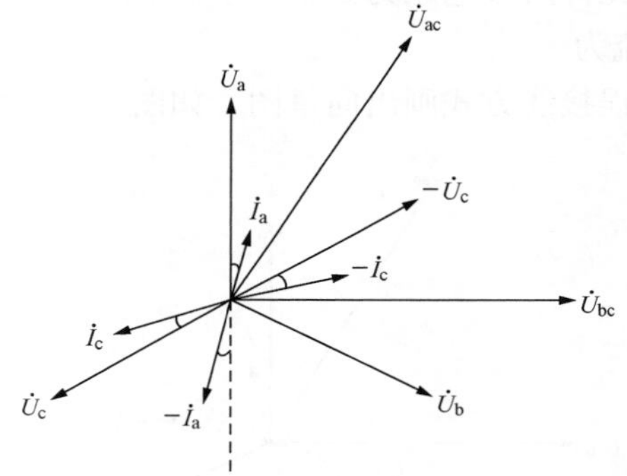

图 6 - 34　错误接线方式下的电压电流向量关系

根据向量图 6 - 34 即可列出功率表达式

$$P'=U_{bc}(-I_a)\cos(90^\circ+\varphi_a)+U_{ac}(-I_c)\cos(30^\circ+\varphi_c)$$

当三相负载对称时，则功率表达式为

$$\begin{aligned}P'&=UI\cos(90^\circ+\varphi)+UI\cos(30^\circ+\varphi)\\&=-UI\sin\varphi+UI\cos(30^\circ+\varphi)\\&=\sqrt{3}UI\cos(60^\circ+\varphi)\end{aligned}$$

更正系数

$$G_x=\frac{P}{P'}=\frac{\sqrt{3}UI\cos\varphi}{\sqrt{3}UI\cos(60^\circ+\varphi)}=\frac{2}{1-\sqrt{3}\tan\varphi}$$

更正系数 G_x 是正是负，取决于功率因数角 φ 的变化，所以电能表转向不定。

（2）第一元件所接电压为 U_{bc}，电流为 I_a；第二元件所接电

压为U_{ac}，电流为I_c。

根据该错误接线方式画出向量图，如图6-35所示。

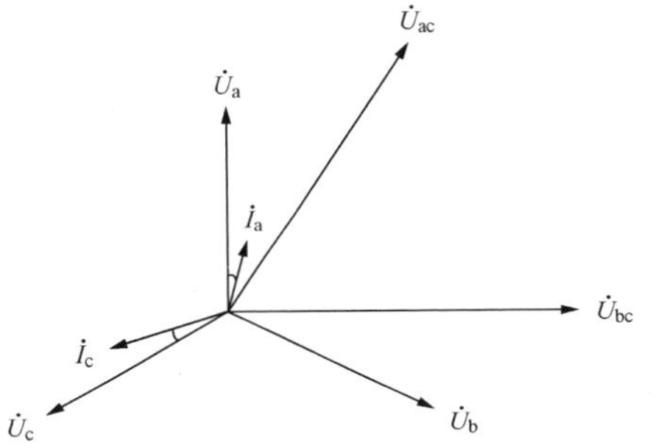

图6-35　错误接线方式下的电压电流向量关系

根据向量图6-35即可列出功率表达式

$$P'=U_{bc}I_a\cos(90°-\varphi_a)+U_{ac}I_c\cos(150°-\varphi_c)$$

当三相负载对称时，则功率表达式为

$$\begin{aligned}P'&=UI\cos(90°-\varphi)+UI\cos(150°-\varphi)\\&=UI\sin\varphi-UI\sin(60°-\varphi)\\&=-\sqrt{3}UI\cos(60°+\varphi)\end{aligned}$$

更正系数

$$G_x=\frac{P}{P'}=\frac{\sqrt{3}UI\cos\varphi}{-\sqrt{3}UI\cos(60°+\varphi)}=\frac{-2}{1-\sqrt{3}\tan\varphi}$$

更正系数G_x是正是负，取决于功率因数角φ的变化，所以电能表转向不定。

（3）第一元件所接电压为U_{ca}，电流为I_c；第二元件所接电压为U_{ba}，电流为$-I_a$。

根据该错误接线方式画出向量图，如图6-36所示。

根据向量图6-36即可列出功率表达式

$$P'=U_{ca}I_c\cos(30°+\varphi_c)+U_{ba}(-I_a)\cos(30°+\varphi_a)$$

当三相负载对称时，则功率表达式为

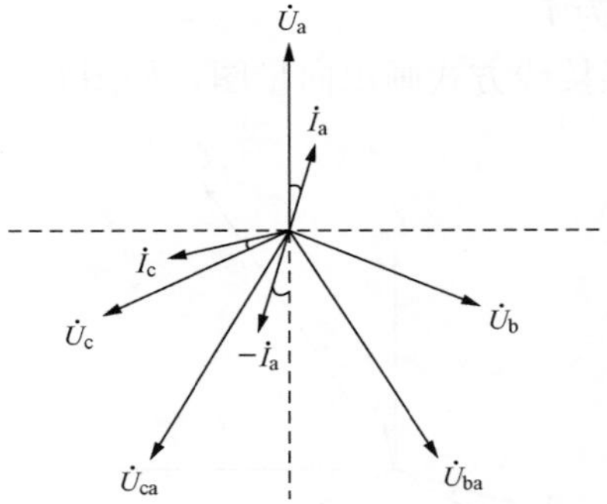

图 6-36　错误接线方式下的电压电流向量关系

$$\begin{aligned}P' &= UI\cos(30°+\varphi)+UI\cos(30°+\varphi)\\&=2UI\cos(30°+\varphi)\end{aligned}$$

更正系数

$$G_x=\frac{P}{P'}=\frac{\sqrt{3}UI\cos\varphi}{2UI\cos(30°+\varphi)}=\frac{\sqrt{3}}{\sqrt{3}-\tan\varphi}$$

更正系数 G_x 是正是负，取决于功率因数角 φ 的变化，所以电能表转向不定。

（4）第一元件所接电压为 U_{ca}，电流为 $-I_c$；第二元件所接电压为 U_{ba}，电流为 I_a。

根据该错误接线方式画出向量图，如图 6-37 所示。

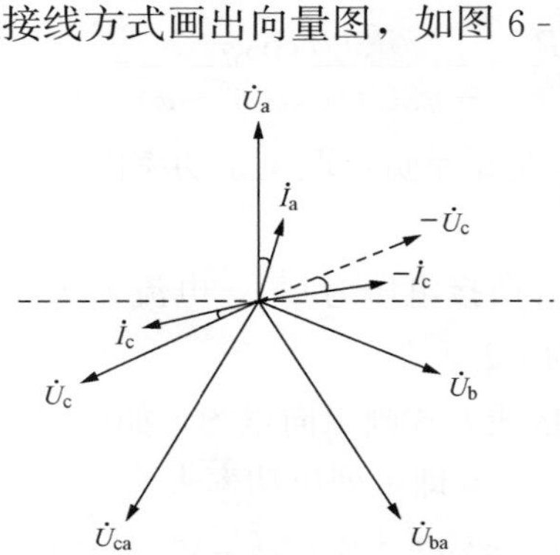

图 6-37　错误接线方式下的电压电流向量关系

根据向量图 6 - 37 即可列出功率表达式

$$P'=U_{ca}(-I_c)\cos(150°-\varphi_c)+U_{ba}I_a\cos(150°-\varphi_a)$$

当三相负载对称时，则功率表达式为

$$P'=UI\cos(150°-\varphi)+UI\cos(150°-\varphi)$$
$$=-2UI\cos(30°+\varphi)$$

更正系数

$$G_x=\frac{P}{P'}=\frac{\sqrt{3}UI\cos\varphi}{-2UI\cos(30°+\varphi)}=\frac{-\sqrt{3}}{\sqrt{3}-\tan\varphi}$$

更正系数 G_x 是正是负，取决于功率因数角 φ 的变化，所以电能表转向不定。

（5）第一元件所接电压为 U_{ca}，电流为 $-I_a$；第二元件所接电压为 U_{ba}，电流为 I_c。

根据该错误接线方式画出向量图，如图 6 - 38 所示。

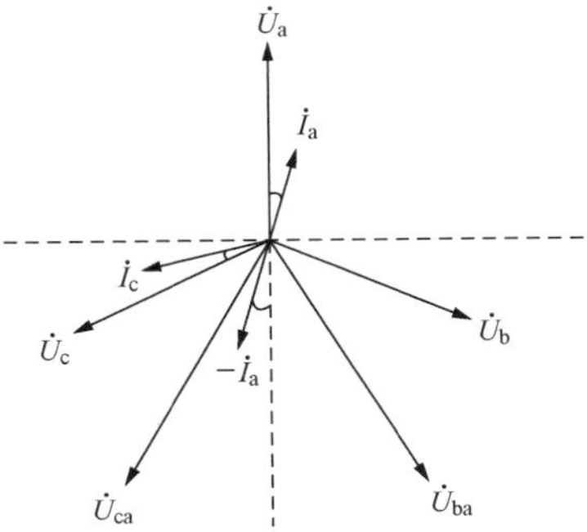

图 6 - 38　错误接线方式下的电压电流向量关系

根据向量图 6 - 38 即可列出功率表达式

$$P'=U_{ca}(-I_a)\cos(30°-\varphi_a)+U_{ba}I_c\cos(90°+\varphi_c)$$

当三相负载对称时，则功率表达式为

$$P'=UI\cos(30°-\varphi)+UI\cos(90°+\varphi)$$
$$=UI\cos(30°-\varphi)-UI\sin\varphi$$
$$=UI\cos(30°+\varphi)$$

更正系数

$$G_x=\frac{P}{P'}=\frac{\sqrt{3}UI\cos\varphi}{UI\cos(30^\circ+\varphi)}=\frac{2\sqrt{3}}{\sqrt{3}-\tan\varphi}$$

更正系数 G_x 是正是负，取决于功率因数角 φ 的变化，所以电能表转向不定。

（6）第一元件所接电压为 U_{ca}，电流为 I_a；第二元件所接电压为 U_{ba}，电流 $-I_c$。

根据该错误接线方式画出向量图，如图 6－39 所示。

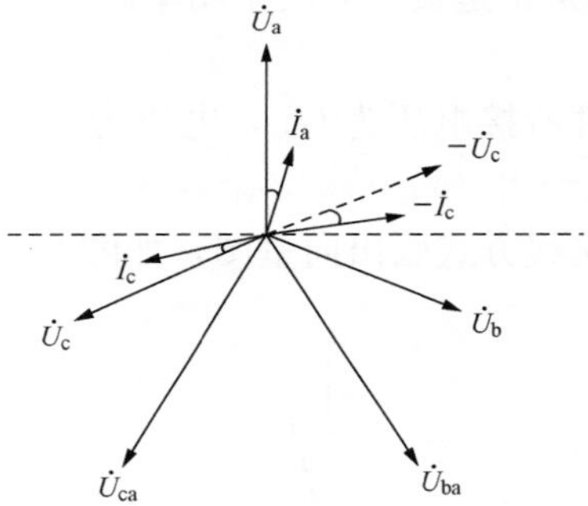

图 6－39　错误接线方式下的电压电流向量关系

根据向量图 6－39 即可列出功率表达式

$$P'=U_{ca}I_a\cos(150^\circ+\varphi_a)+U_{ba}(-I_c)\cos(90^\circ-\varphi_c)$$

当三相负载对称时，则功率表达式为

$$\begin{aligned}P'&=UI\cos(150^\circ+\varphi)+UI\cos(90^\circ-\varphi)\\&=-UI\cos(30^\circ-\varphi)+UI\sin\varphi\\&=-UI\cos(30^\circ+\varphi)\end{aligned}$$

更正系数

$$G_x=\frac{P}{P'}=\frac{\sqrt{3}UI\cos\varphi}{-UI\cos(30^\circ+\varphi)}=\frac{-2\sqrt{3}}{\sqrt{3}-\tan\varphi}$$

更正系数 G_x 是正是负，取决于功率因数角 φ 的变化，所以电能表转向不定。

第七章

电能计量装置错误接线典型案例分析

在电能计量装置中，任何一个元件接线错误，都会导致电能计量装置不计、少计或多计电量。一套电能计量装置所计量电能的多少，取决于电压、电流和功率因数三要素与时间的乘积，只要改变三要素中的任何一个要素，就会引起计量错误。

单相电能表由于接线比较简单，发生接线错误的现象相对较少，而三相四线制电能表及三相三线制两元件电能表接线相对较为复杂，并且使用场合广泛，所以出现的错误接线也各种各样。本章节针对三相四线制电能表及三相三线制两元件电能表在现场容易发生的错误接线实例进行分析。

第一节　三相四线制有功电能表错误接线案例分析

【例 7-1】　一只三相四线有功电能表，B 相电流互感器极性接反达半年之久，累计电量为 2700kWh，求错误接线期间的差错电量（假设三相负荷对称）。

解　正确接线时电能表反映的功率为

$$P_0=3U_{ph}I_{ph}\cos\varphi$$

错误接线期间电能表反映的功率为

$$P=U_aI_a\cos\varphi_a+U_bI_b\cos(180°-\varphi_b)+U_cI_c\cos\varphi_c$$

由于三相负荷对称，所以

$$U_a=U_b=U_c=U_{ph},I_a=I_b=I_c=I_{ph},\varphi_a=\varphi_b=\varphi_c=\varphi$$

则

$$P=U_{ph}I_{ph}\cos\varphi-U_{ph}I_{ph}\cos\varphi+U_{ph}I_{ph}\cos\varphi=U_{ph}I_{ph}\cos\varphi$$

更正系数

$$G_x=\frac{P_0}{P}=\frac{3U_{ph}I_{ph}\cos\varphi}{U_{ph}I_{ph}\cos\varphi}=3$$

追补电量

$$\Delta W=(G_x-1)\times P=(3-1)\times 2700=5400(\text{kWh})$$

答：错误接线期间的差错电量为5400kWh，用户应补交电费。

【例7-2】 某用户装一块三相四线表，3×380/220V·5A，装三台200/5A电流互感器，有一台过负载烧毁，用户自行更换一台，供电部门因故未到现场，半年后发现换这台电流互感器是300/5A，在此期间有功表共计电量5万kWh，求追补电量是多少？

解 该用户的电能表为三相四线表，假设三相负载平衡，则电能表的三个功率元件各计1/3的电量。

故正确接线时电能表反映的功率为

$$P=\frac{1}{3}+\frac{1}{3}+\frac{1}{3}=1$$

错误接线时电能表反映的功率为

$$P_0=\frac{1}{3}+\frac{1}{3}+\frac{1}{3}\times\frac{200/5}{300/5}=\frac{2}{3}+\frac{2}{9}=\frac{8}{9}$$

求出更正系数

$$G_x=\frac{P_0}{P}=\frac{1}{\frac{8}{9}}=\frac{9}{8}=1.125$$

追补电量

$$\Delta W=(G_x-1)\times P=(1.125-1)\times 50\,000=6250(\text{kWh})$$

答：错误接线期间的差错电量为6250kWh，用户应补交电费。

【例7-3】 某用户装一块三相四线表，3×380/220V·5A，装三台200/5A电流互感器，有一台过负载烧毁，用户自行更换一台，供电部门因故未到现场，半年后发现后换这台电流互感器是 300/5A，且极性接反。在此期间有功表共计电量 5 万 kWh，求追补电量是多少?

解 该用户的电能表为三相四线表，假设三相负载平衡，则电能表的三个功率元件各计 1/3 的电量。

故正确接线时电能表反映的功率为

$$P=\frac{1}{3}+\frac{1}{3}+\frac{1}{3}=1$$

错误接线时电能表反映的功率为

$$P_0=\frac{1}{3}+\frac{1}{3}-\frac{1}{3}\times\frac{200/5}{300/5}=\frac{2}{3}-\frac{2}{9}=\frac{4}{9}$$

求出更正系数

$$G_x=\frac{P}{P_0}=\frac{1}{\frac{4}{9}}=\frac{9}{4}=2.25$$

追补电量

$$\Delta W=(G_x-1)\times P_0=(2.25-1)\times 50\ 000=62\ 500(\text{kWh})$$

答： 错误接线期间的差错电量为 62 500kWh，用户应补交电费。

第二节 三相三线制电能表的错误接线案例分析

【例 7-4】 某三相高压用户，安装的是三相三线制两元件有功电能表，计量电能表互感器变比为 400/5A，装表时，计量人员误将 A 相电流互感器装成 800/5A，若已抄电量为 20 万 kWh，试计算应退补电量是多少。

解 设正确电量为 1，则错误电量为

$$\frac{1}{2}+\frac{1}{2}\times\frac{400/5}{800/5}=\frac{3}{4}$$

更正系数为

$$G_x=\frac{1}{\frac{3}{4}}=\frac{4}{3}$$

已知错误接线期间的抄表电量 $P_0=20$ 万 kWh，追补电量为

$$\Delta W=(G_x-1)\times P_0=\left(\frac{4}{3}-1\right)\times 20=6.67(\text{万 kWh})$$

答：错误接线期间的差错电量为 6.67 万 kWh，用户应补交电费。

【例 7-5】 当三相三线制两元件有功电能表的错误接线形式如图 7-1 所示。

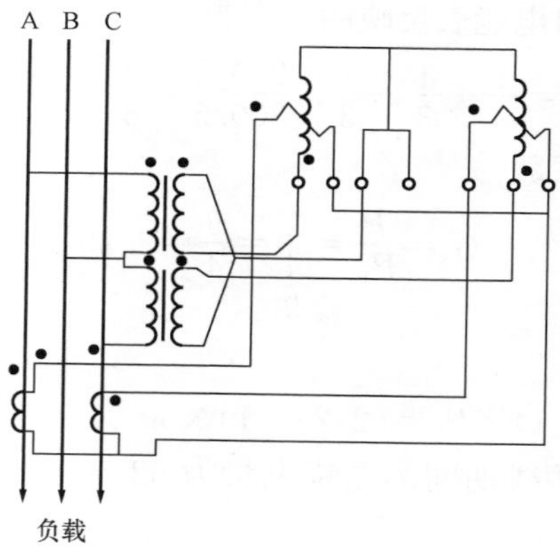

图 7-1 电能表错误接线方式

请画出其向量关系图并以此写出电能表两组元件及总的功率表达式，并计算错接线更正系数等于多少？

解 按题图 7-1 所示的错误接线形式可以看出，电能表的第一功率元件所接的电压为 U_{ba}，电流为 I_a。电能表的第二功率元件所接的电压为 U_{bc}，电流为 I_c。画出电能表两组功率元件的电压和电流向量关系图，如图 7-2 所示。

从向量图 7-2 可以看出，加载于两个功率元件上的电压与电流之间的夹角关系如下。

第一功率元件 U_{ba} 与 I_a 夹角为 $150°-\varphi_a$

第二功率件元 U_{bc} 与 I_c 夹角为 $150°+\varphi_c$

两个功率元件的功率表达式为

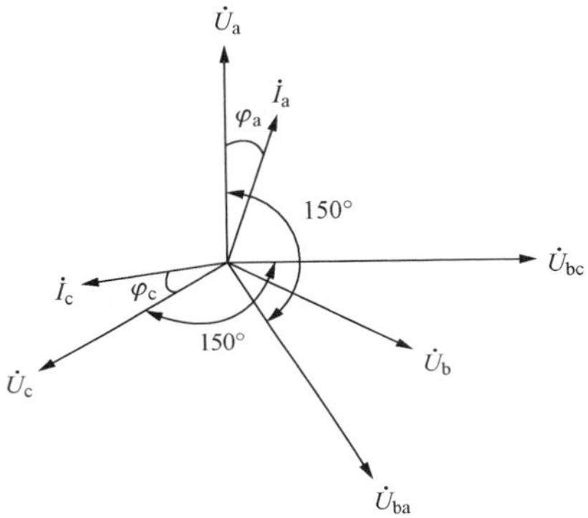

图 7 - 2　电压、电流向量关系

$$P_1 = U_{ba} I_a \cos(150° - \varphi_a)$$
$$P_2 = U_{bc} I_c \cos(150° + \varphi_a)$$

当三相负载对称时，总功率表达式为

$$P' = P_1 + P_2 = -\sqrt{3} UI \cos\varphi$$

更正系数

$$G_x = \frac{P}{P'} = \frac{\sqrt{3} UI \cos\varphi}{-\sqrt{3} UI \cos\varphi} = -1$$

答：更正系数为－1。

【例 7 - 6】 如图 7 - 3 所示，是两元件有功电能表的错误接线，画出相应向量图和写出两个元件及总的功率表达式，并算出其更正系数。

解

(1) 先分析加载于第一功率元件上的电压和电流。从错误接线图 7 - 3 中可以看出，电压互感器 1TV 二次极性反接，因而接入第一功率元件上电压在量值上将发生变化。接入第一功率元件上的电压为$\dot{U}'_{ac}$，电流为$-\dot{I}_a$，因 1TV 二次极性反接，故U'_{ac}滞后U_{ac} 90°，且在量值上$U'_{ac} = \sqrt{3} U_{ac}$，现分析如下。

在一、二次图接线正确的情况下原边与副边线电压的向量

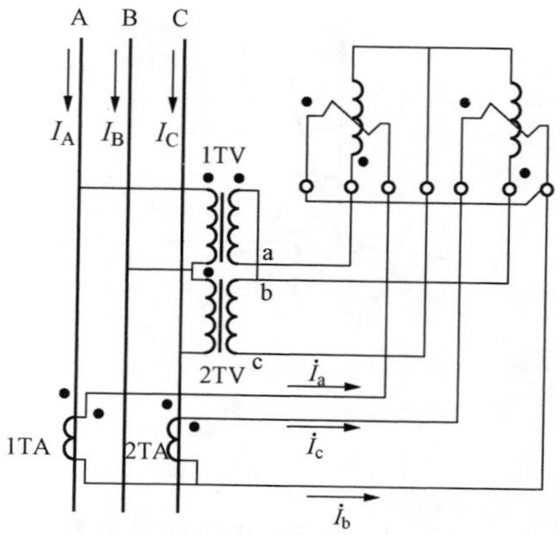

图 7-3　电能表错误接线方式

图是对应一致的，如图 7-4 所示。

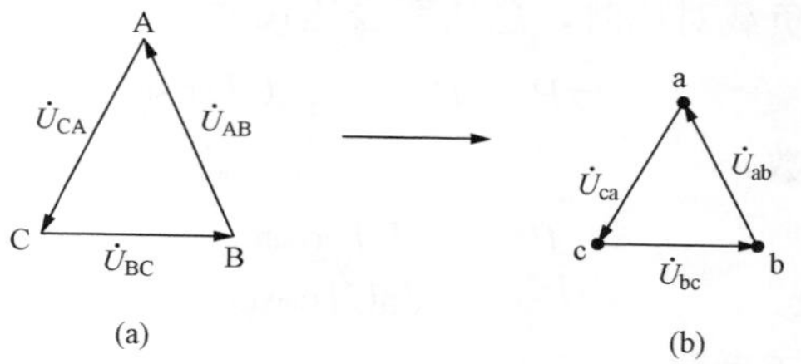

图 7-4　正确接线方式下一次侧、二次侧向量图

（a）一次侧向量图；（b）二次侧向量图

因电压互感器 1TV 二次极性反接，故而副边$\dot{U}_{ab}$的方向与原边$\dot{U}_{AB}$的方向刚好是相反的。具体步骤为：

1）由一次电压$\dot{U}_{AB}$方向确定二次电压$\dot{U}_{ab}$的方向，如图 7-5 所示。

2）由于电压互感器 2TV 接线正确，所以一次电压$\dot{U}_{BC}$与二次电压$\dot{U}_{bc}$的方向是相同一致的，故而可确定$\dot{U}_{bc}$方向，如图 7-6 所示。

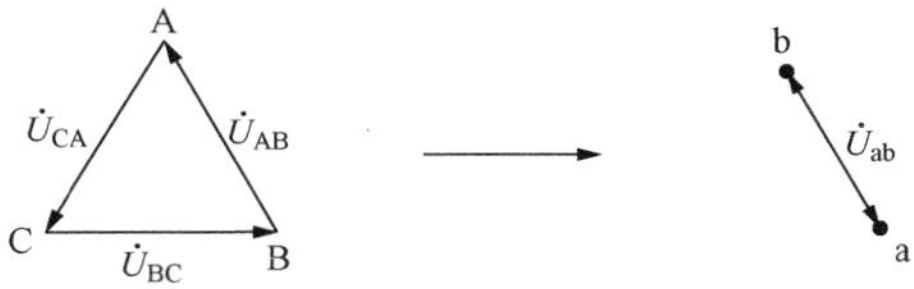

(a) (b)

图 7 - 5　由一次侧电压方向确定二次电压 $\dot{U}_{ab}$ 的方向

（a）一次侧电压向量关系；（b）二次侧电压 $\dot{U}_{ab}$ 的方向

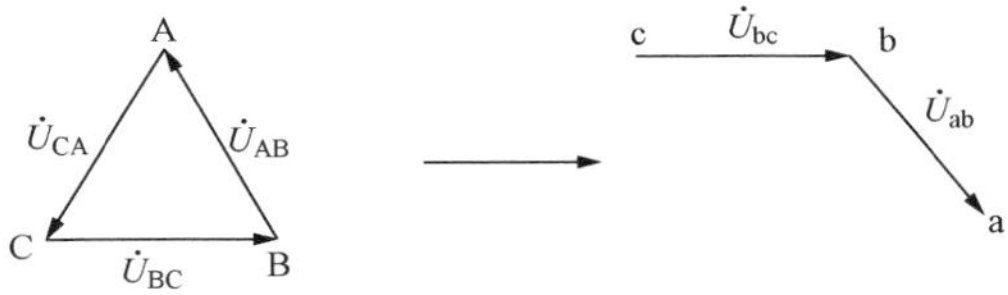

(a) (b)

图 7 - 6　由一次侧电压方向确定二次电压 $\dot{U}_{bc}$ 方向

（a）一次侧电压向量关系；（b）二次侧电压 $\dot{U}_{bc}$ 方向

连接 a、c 两点最后可以得出 $\dot{U}'_{ac}$ 方向及大小，如图 7 - 7 所示。

3）正确接线时二次侧电压 $\dot{U}_{ac}$ 与一次侧电压 $\dot{U}_{AC}$ 方向是一致的，由此可得出：U'_{ac} 滞后 U_{ac} 90°，且在量值上 $U'_{ac}=\sqrt{3}U_{ac}$。在图 7 - 7 的基础上画出 $\dot{U}_{ac}$ 的向量，如图 7 - 8 所示。

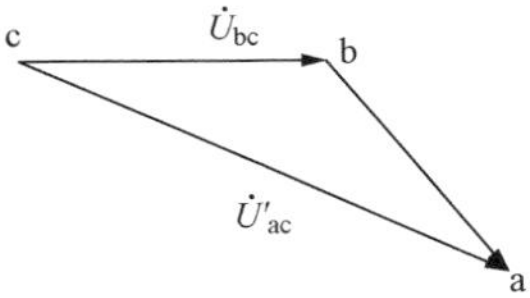

图 7 - 7　$\dot{U}'_{ac}$ 方向及大小

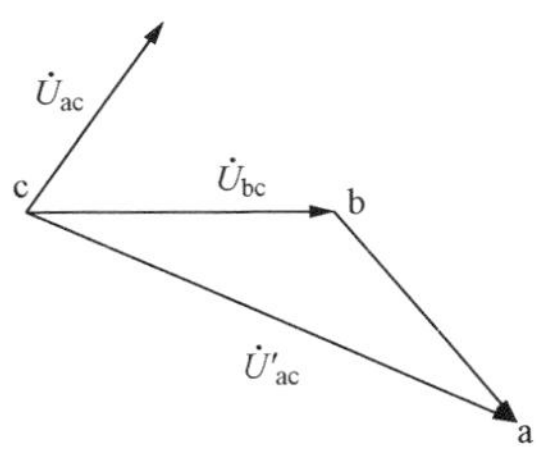

图 7 - 8　二次侧电压向量关系

（2）分析加载于第二功率元件上的电压与电流。从错误接线图 7-3 中可以看出，接入第二功率元件上的电压为$\dot{U}_{bc}$，电流为 $\dot{I}_c$。

（3）画出电压电流向量关系图，求出错误功率表达式。电压电流向量关系如图 7-9 所示。

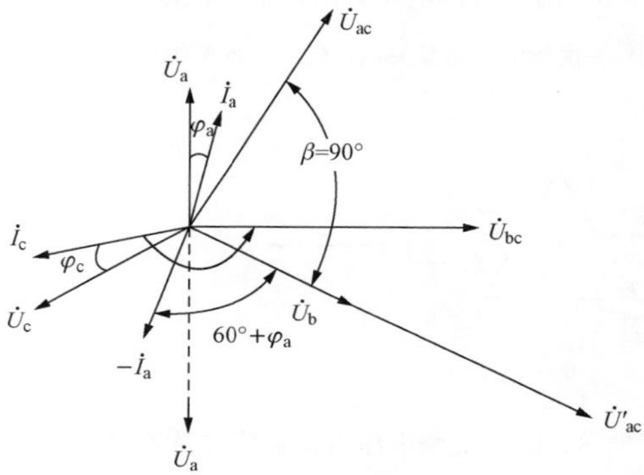

图 7-9　电压电流向量关系

从向量图 7-9 中可以看出两功率元件电压与电流的夹角关系如下。

电能表第一功率元件$\dot{U}'_{ac}$与$-\dot{I}_a$夹角为 $60°+\varphi_a$；

电能表第二功率元件电压$\dot{U}_{bc}$与电流 $\dot{I}_c$夹角为 $150°+\varphi_c$。

两个元件的功率表达式为

$$P_1=U'_{ac}(-I_a)\cos(60°+\varphi_a)=\sqrt{3}U_{ac}(-I_a)\cos(60°+\varphi_a)$$

$$P_2=U_{bc}I_c\cos(150°+\varphi_c)=-U_{bc}I_c\cos(30°-\varphi_c)$$

三相系统电压对称、负载平衡时总功率为

$$P'=P_1+P_2=\sqrt{3}UI\cos(60°+\varphi)+[-UI\cos(30°-\varphi)]$$

$$=-2UI\sin\varphi$$

更正系数

$$G_x=\frac{P}{P'}=\frac{\sqrt{3}UI\cos\varphi}{-2UI\sin\varphi}=-\frac{\sqrt{3}}{2\tan\varphi}$$

电源为 CBA 逆相序，该错误接线图的计量结果分析如下。

$\dot{U}'_{ac}$与$\dot{U}_{ac}$的向量关系，如图 7 - 10 所示。

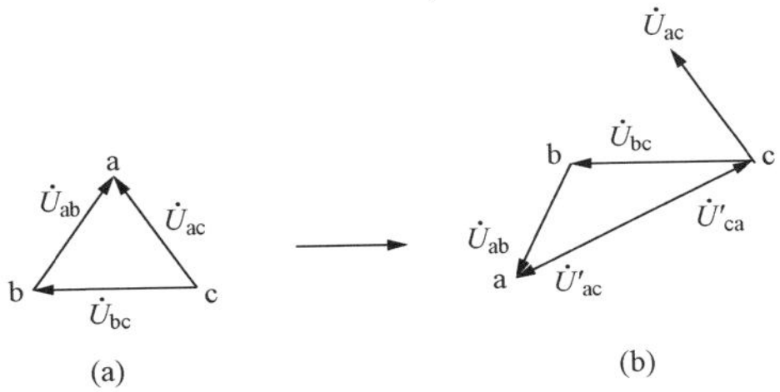

图 7 - 10　由正确接线方式下电压向量确定错误接线方式下电压向量

(a) 正确接线方式向量关系；(b) 错误接线方式向量关系

从正确接线向量图与错误接线向量图比较看出，$\dot{U}'_{ac}$超前$\dot{U}_{ac}$90°，量值上，$U'_{ac}=\sqrt{3}U_{ac}$。

电源为逆相序，各功率元件的电压电流向量关系，如图 7 - 11所示。

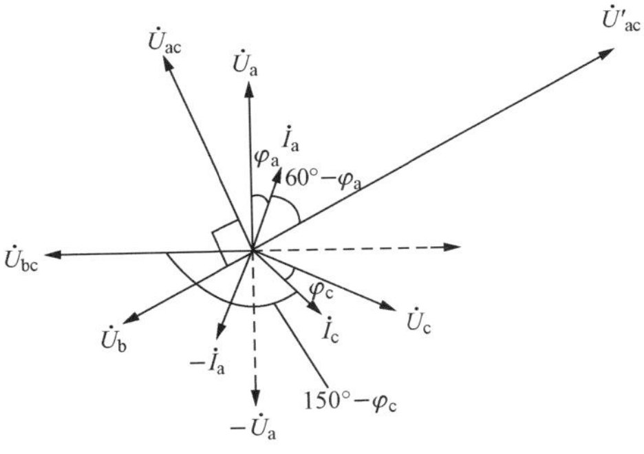

图 7 - 11　电压、电流向量关系

由向量图 7 - 11 可分析出两功率元件的电压电流夹角关系如下。

第一功率元件$\dot{U}'_{ac}$与$-\dot{I}_a$夹角为$120°+\varphi_a$；

第二功率元件$\dot{U}_{bc}$与$\dot{I}_c$夹角为$150°-\varphi_c$。

由此可确定错误接线的功率表达式

$$P_1=U'_{ac}(-I_a)\cos(120°+\varphi_a)=\sqrt{3}U_{ac}(-I_a)\cos(120°+\varphi_a)$$

$$P_2=U_{bc}I_c\cos(150°-\varphi_c)$$

当三相负载平衡时，总功率为

$$P'=P_1+P_2=\sqrt{3}UI\cos(120°+\varphi)+UI\cos(150°-\varphi)$$

$$=-2UI\left(\frac{\sqrt{3}}{2}\cos\varphi+\frac{1}{2}\sin\varphi\right)$$

通过两种相序情况下的计量分析表明，电能表所获得的计量结果是不相同的。因此在进行错误接线时的电能更正计算，一定要注意进行电源相序的确定，否则更正后的电能值仍不正确。

【例 7 - 7】 在某用户高压计量装置上现场测得的数据见表 7 - 1所示。

表 7 - 1　　高压计量装置现场测得数据

电流（A）		电压（V）				角度（°）			
I_1	1.2	U_{12}	172	U_{10}	98	$\widehat{\dot{U}_{12}\dot{I}_1}$	82	$\widehat{\dot{U}_{12}\dot{I}_3}$	142
		U_{32}	98	U_{20}	100	$\widehat{\dot{U}_{32}\dot{I}_1}$	52	$\widehat{\dot{U}_{32}\dot{I}_3}$	112
I_3	1.3	U_{31}	101	U_{30}	0				

请画出误接线向量图；写出错误接线方式下的各元件功率表达式；计算更正系数；文字表达误接线方式。

解　(1) 根据所测数据画出向量图。

第一步：确定相序，由测得相位角度值可知$\dot{U}_{32}$、$\dot{U}_{12}$夹角为$-30°$，故为负相序。负相序有 ACB、CBA、BAC 三种方式；由于$U_{30}=0$，则可确定为 ACB 负相序。

第二步：画出负相序电压向量图，电压负相序如图 7-12 所示。

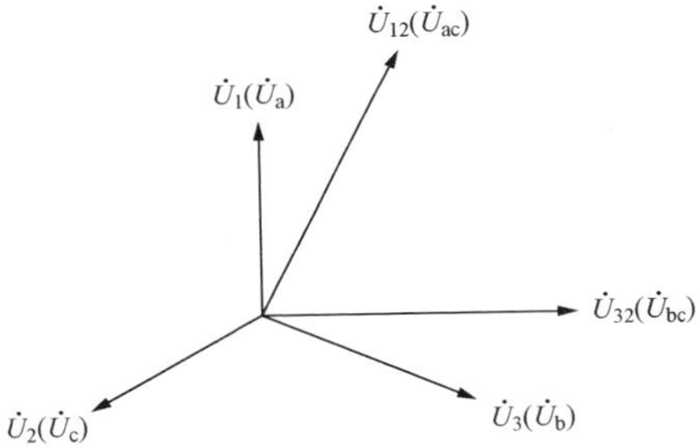

图 7-12　负相序电压向量关系

第三步：根据测得的电压电流相位值，确定$\dot{I}_1$及$\dot{I}_3$的在向量图中的具体位置。

因$U_{12}=172V$，且$\dot{U}_{32}$、$\dot{U}_{12}$夹角为$-30°$，说明 1TV 一次或二次极性反接，其结果将造成$\dot{U}'_{ac}$（即$\dot{U}_{12}$）超前$\dot{U}_{ac}$ 90°，且在量值上$\dot{U}'_{ac}=\sqrt{3}U_{ac}$。

因 TV 一次或二次极性反接，故副边$\dot{U}_{ab}$的方向与正确接线时的$\dot{U}_{ab}$方向刚好是相反，如图 7-13 所示。

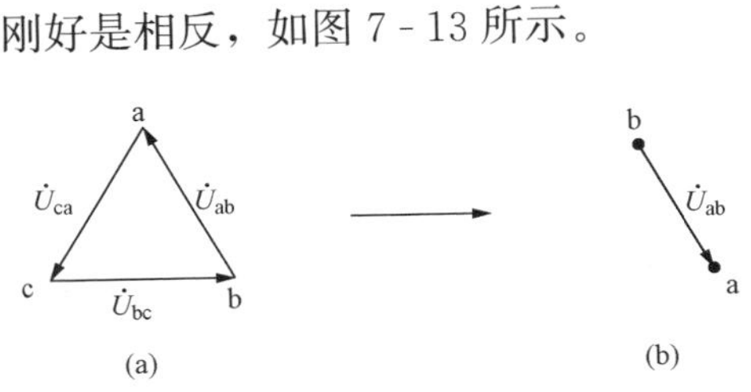

图 7-13　由正确接线方式下电压向量确定错误接线方式下电压向量

（a）正确接线方式向量关系；（b）错误接线方式向量关系

由于二次电压$\dot{U}_{bc}$方向是不变的，故而可确定$\dot{U}_{bc}$方向，最后得出U'_{ac}方向及大小。流程图如图 7-14 所示。

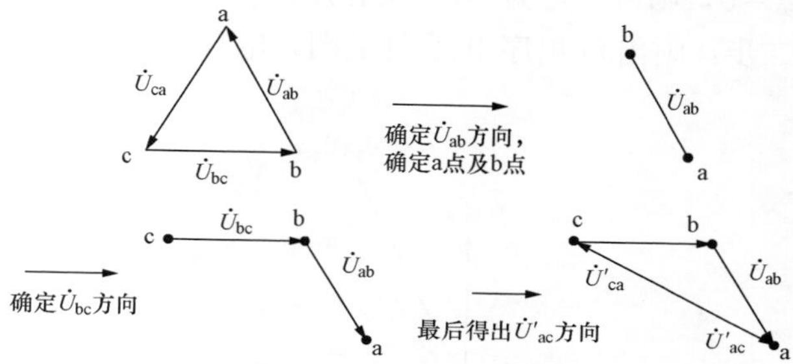

图 7-14　确定二次侧电压向量流程

第四步：将$\dot{U}_{ac}$进行平移，由此可得出$\dot{U}'_{ac}$超前U_{ac} 90°，且在量值上$\dot{U}'_{ac}=\sqrt{3}U_{ac}$，如图 7-15 所示。

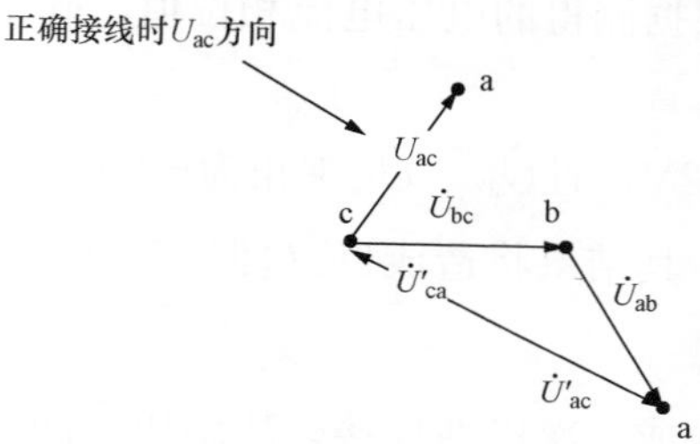

图 7-15　U'_{ac}与U_{ac}向量关系

第五步：确定出电流$\dot{I}_1$、$\dot{I}_3$在向量图中的位置。

根据线电压与相电流的夹角关系，$\dot{U}_{12}$、$\dot{I}_1$为 82°，$\dot{U}_{32}$、$\dot{I}_1$为 52°，$\dot{U}_{12}$、$\dot{I}_3$为 142°，$\dot{U}_{32}$、$\dot{I}_3$为 112°，可确定出电流$\dot{I}_1$、$\dot{I}_3$在向量图中的位置。这里需要注意的是，U_{12}是错误接线方式下的电压，即U'_{12}(U'_{ac})。向量图如图 7-16 所示。

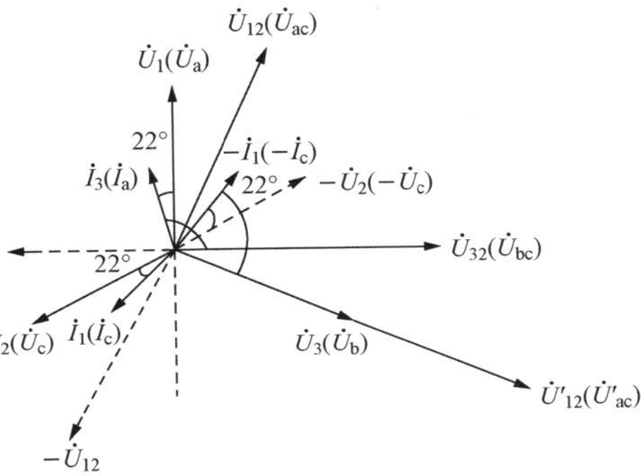

图 7-16 电压与电流向量关系

(2) 列出错误接线方式下的功率表达式。从向量图中可以看出，电能表的第一功率元件所承载的电压为$\dot U'_{ac}$，电流为 $\dot I_1$ 即 $-\dot I_c$，二者夹角为 $60°+\varphi_a$。

电能表的第二功率元件所承载的电压为$\dot U_{bc}$，电流为 $\dot I_3$ 即 $\dot I_a$，夹角为 $90°+\varphi_c$。

两个功率元件的功率表达式为

$$P_1=U'_{ac}(-I_c)\cos(60°+\varphi_c)=\sqrt{3}U_{ac}(-I_c)\cos(60°+\varphi_c)$$

$$P_2=U_{bc}I_a\cos(90°+\varphi_a)=-U_{bc}I_a\sin\varphi_a$$

三相系统电压对称、负载平衡时，总功率

$$P'=P_1+P_2=\sqrt{3}UI\cos(60°+\varphi)-UI\sin\varphi$$

$$=UI\left(\frac{\sqrt{3}}{2}\cos\varphi-\frac{5}{2}\sin\varphi\right)$$

(3) 求出更正系数。

$$G_x=\frac{P}{P'}=\frac{\sqrt{3}UI\cos\varphi}{UI\left(\frac{\sqrt{3}}{2}\cos\varphi-\frac{5}{2}\sin\varphi\right)}=\frac{2\sqrt{3}}{\sqrt{3}-5\tan\varphi}=26.24$$

(4) 错误接线描述。由上述分析可知：

1) A 相 TV 一次或二次极性接反；

2）B、C 相电压线接反；

3）A 相电流线和 C 相电流线接反；

4）I_1 即 I_c 电流线进出接反；

5）感性负载，相电压超前相电流 22°。

错误接线方式如图 7 - 17 所示。

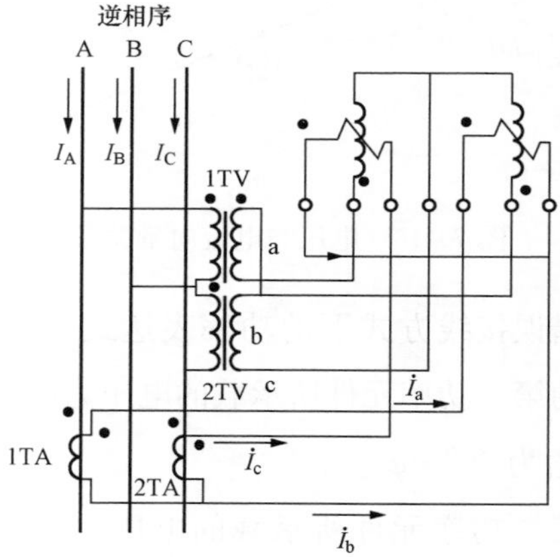

图 7 - 17　电能表错误接线方式

【例 7 - 8】 某私营企业 10kV 供电，计量电流互感器 200/5A，计量电压互感器 10/0.1kV，电压互感器采用 V/V 型接线，有功电能表采用三相三线制两元件电能表。根据抄表人员反应，该户最近三个月有功电量明显减少，用电检查员当即对其进行现场检查，现场检查发现该户计费电能表没有停走或倒走（假设为机械表），测得电压互感器二次侧电压 $U_{ab}=U_{cb}=100$V，而 U_{ac}则为 173V，初步判断为电压互感器接线错误，但经进一步调查发现该户因生产需要私增一台 10kV、20kVA 车间配电变压器，私增容量时间达 6 个月；并发现其私自更动计量装置，私自更动计量装置累计电量共为 10 万 kWh。试根据上述情况判断分析该户计量装置可能的错误接线类型，画出向量图，并计算正确电量。如该户三相三线制有功电能表的错误接线方式为

U_{ab}、$-I_a$；U_{ac}，$-I_c$。请画出此错误接线方式的向量图。供电企业对该户该如何处理？（该户平均功率因数为 $\cos\varphi=0.866$；基本电费按 20 元/kVA）

解 （1）由题知：$U_{ab}=U_{cb}=100$V，而 U_{ac} 为 173V，则说明电压互感器 A 相或 C 相一次或二次极性接反。画出向量图关系图，如图 7-18 所示。

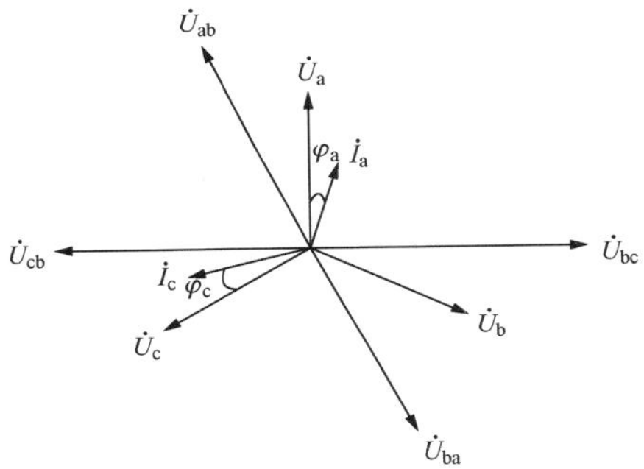

图 7-18　电压与电流向量关系

假设 A 相互感器一次或二次极性接反，则加载于第一功率元件的电压为 U_{ba}，电流为 I_a，U_{ba} 与 I_a 夹角为 $150°-\varphi_a$；加载于第二功率元件的电压为 U_{cb}，电流为 I_c，U_{cb} 与 I_c 夹角为 $30°-\varphi_c$。

第一元件功率

$$P_1=U_{ba}\times I_a\cos(150°-\varphi_a)=-U_{ba}\times I_a\cos(30°+\varphi_a)$$

第二元件功率

$$P_2=U_{cb}\times I_c\cos(30°-\varphi_c)$$

三相负载对称时，总功率为

$$\begin{aligned}P'&=P_1+P_2\\&=-U\times I\cos(30°+\varphi)+U\times I\cos(30°-\varphi)\\&=UI\sin\varphi\end{aligned}$$

更正系数为

$$G_x=\frac{\sqrt{3}UI\cos\varphi}{UI\sin\varphi}=\sqrt{3}\cot\varphi$$

同理，假设 C 相极性接反，则

加载于第一功率元件电压为 U_{ab}，电流为 I_a，夹角为 $30°+\varphi$；

加载于第二功率元件电压为 U_{bc}，电流为 I_c，夹角为 $150°+\varphi$。

总功率为

$$\begin{aligned}P'&=UI[\cos(30°+\varphi)+\cos(150°+\varphi)]\\&=UI[\cos(30°+\varphi)-\cos(30°-\varphi)]\\&=-UI\sin\varphi\end{aligned}$$

更正系数

$$G_x=\frac{\sqrt{3}UI\cos\varphi}{-UI\sin\varphi}=-\sqrt{3}\cot\varphi$$

C 相极性接反，更正系数为负值，表明表计将倒走，显然与题意不符，故应是 A 相极性接反。

（2）追补电量。

$$\Delta W=(G_x-1)W=(\sqrt{3}\text{ctg}\varphi-1)W=19.86(\text{万 kWh})$$

（3）违约处理。

1）追补基本电费：20×20×6＝2400（元）

2）违约使用电费：2400×3＝7200（元）

共追究违约使用电费：2400＋7200＝9600（元）

（4）如果第一功率元件所承载的电压为 U_{ab}，电流为 $-I_a$，二者夹角为 $150°-\varphi$；

如果第二功率元件所承载的电压为 U'_{ac}，电流为 $-I_c$，夹角为 $60°-\varphi$；

因 A 相极性接反，且是正相序，致 $U'_{ac}=\sqrt{3}U_{ac}$，且滞后 U_{ac} 90°，其电压关系图如图 7 - 19 所示。

画出电压与电流关系向量图，如图 7 - 20 所示。

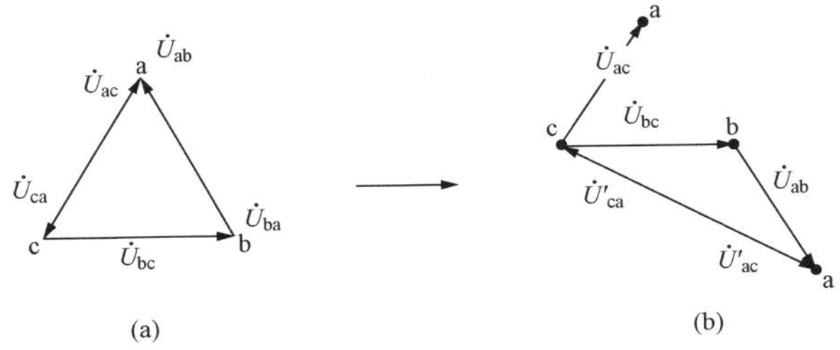

图 7-19　由正确接线方式下电压向量确定错误接线方式下电压向量

（a）正确接线方式向量关系；（b）错误接线方式向量关系

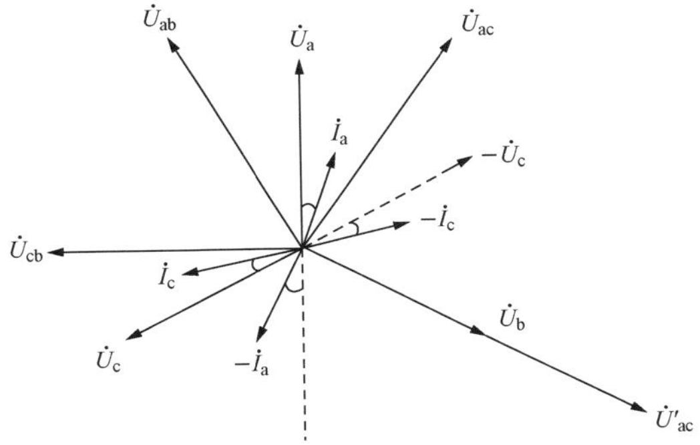

图 7-20　电压与电流向量关系

加载于第一功率元件的电压为 U_{ab}，电流为 $-I_a$，二者夹角为 $150°-\varphi$；

加载于第二功率元件的电压为 U'_{ac}，电流为 $-I_c$，二者夹角为 $60°-\varphi$。

三相负载对称时，总功率为

$$
\begin{aligned}
P' &= UI[\cos(150°-\varphi)+\sqrt{3}\cos(60°-\varphi)] \\
&= UI[-\cos(30°+\varphi)+\sqrt{3}(\cos60°\cos\varphi+\sin60°\sin\varphi)] \\
&= 2UI\sin\varphi
\end{aligned}
$$

更正系数

$$G_x = \frac{\sqrt{3}UI\cos\varphi}{2UI\sin\varphi} = \frac{\sqrt{3}}{2}\cot\varphi$$

追补电量

$$\Delta W = (G_x - 1)W = 4.93(\text{万 kWh})$$

参 考 文 献

[1] 王世才．中等职业教育国家规划教材．电工基础及测量（第三版）．北京：中国电力出版社，2010.

[2] 邱炳正．交流电能表错误接线百例解析．北京：中国计量出版社，2000.

[3] 国家电网公司人资部．国家电网公司生产技能人员职业能力培训通用教材 电能计量．北京：中国电力出版社，2010.

[4] 中国电力企业家协会供电分会．全国供用电工人技能培训教材 装表接电（初级工）．北京：中国电力出版社，2003.

[5] 中国电力企业家协会供电分会．全国供用电工人技能培训教材 抄表核算收费（初级工）．北京：中国电力出版社，2006.